# 计算机组装与维修
# 学习指导与练习
## （第4版）

陈广生　葛宗占　主　编

电子工业出版社

**Publishing House of Electronics Industry**

北京·BEIJING

## 内 容 简 介

《计算机组装与维修（第 4 版）》是中等职业教育课程改革内蒙古自治区规划教材，本书是它的配套教材。本书主要针对主教材中各章节的知识要点、技能要点给出了相应的习题，通过大量练习旨在强化学生对教材重点内容的掌握。

本书适合中等职业学校学生使用，也可供参加对口升学考试的学生参考。

**图书在版编目（CIP）数据**

计算机组装与维修学习指导与练习 / 陈广生，葛宗占主编. —4 版. —北京：电子工业出版社，2024.1

ISBN 978-7-121-47156-8

Ⅰ. ①计… Ⅱ. ①陈… ②葛… Ⅲ. ①电子计算机—组装—中等专业学校—教材 ②计算机维护—中等专业学校—教材 Ⅳ. ①TP30

中国国家版本馆 CIP 数据核字（2024）第 031790 号

责任编辑：罗美娜　　文字编辑：戴　新
印　　刷：三河市华成印务有限公司
装　　订：三河市华成印务有限公司
出版发行：电子工业出版社
　　　　　北京市海淀区万寿路 173 信箱　邮编　100036
开　　本：787×1 092　1/16　印张：13　字数：332.8 千字
版　　次：2013 年 5 月第 1 版
　　　　　2024 年 1 月第 4 版
印　　次：2024 年 6 月第 2 次印刷
定　　价：36.00 元

凡所购买电子工业出版社图书有缺损问题，请向购买书店调换。若书店售缺，请与本社发行部联系，联系及邮购电话：(010) 88254888，88258888。

质量投诉请发邮件至 zlts@phei.com.cn，盗版侵权举报请发邮件至 dbqq@phei.com.cn。

本书咨询联系方式：(010) 88254617，luomn@phei.com.cn。

# 前　言

随着计算机技术的发展，根据国家新一轮课程改革的精神和中等职业学校计算机专业发展的需要，2012 年在内蒙古教育厅的组织下召开了计算机专业教材编写、修订会议。这次会议对计算机专业教材编写提出了新的要求，即以充分适应本专业最新发展趋势为原则，培养学生的从业能力，为就业及进入更高层次的学习奠定良好的基础。为此我们特地重新规划了计算机专业的教学计划和课程安排，力求新教材能更加适应社会的发展，同时在众多本专业课程中选出了"计算机网络技术与应用""计算机组装与维修""Office 2007案例教程""Visual Basic 程序设计"4 门基础性强的课程作为自 2015 年开始的中职对口升入高等院校计算机专业的必考课程。

为了方便广大中等职业学校的学生学习，我们组织编写了相应的学习指导与练习书，包括《计算机网络技术与应用学习指导与练习》《计算机组装与维修学习指导与练习》《Office 2007 案例教程学习指导与练习》《Visual Basic 程序设计学习指导与练习》。

本书是对已出版的《计算机组装与维修学习指导与练习（第 3 版）》的修订，由陈广生、葛宗占任主编，陈国春、范钢强任副主编，参加编写的人员还有吕红宇、刘慧敏、苏洁琼、王滨、康梅。

虽在编写中力求谨慎，但限于编者的学识、经验，疏漏和不足之处仍恐难免，恳请广大同行和读者不吝赐教，以便今后修改提高。

编　者

# 目 录

# 第 1 章

# 计算机硬件基础

 一、选择题

1. 关于计算工具，下列说法错误的是（　　）。

   A. 美国人发明了算盘，并在 15 世纪得到普遍采用而且沿用至今

   B. 英国人威廉·奥特雷德在 1622 年发明了对数计算尺

   C. 1642 年，19 岁的法国人布莱士·帕斯卡发明了能做加法的第一台机械式计算机

   D. 美国人发明了通用电子计算机

2. 世界上第一台电子数字计算机是（　　）年制成的。

   A. 1971

   B. 1946

   C. 1965

   D. 1947

3. 世界上第一台通用计算机的名称是（　　）。

   A. ENIAC

   B. EDVAC

   C. TRADIC

   D. UNIVAC

4. 第一台通用计算机的目的是进行科学计算，其主要解决的问题面向（　　）。

   A. 文化和教育

   B. 军事和科研

   C. 商业和服务

   D. 管理和网络

5. 计算机的发展经历了四代，微型计算机是属于（　　）时代的计算机。

    A．电子管

    B．晶体管

    C．中、小规模集成电路

    D．大规模、超大规模集成电路

6. 第一代计算机体积大、耗电多、性能低，其主要原因是受制于（　　）。

    A．工艺水平

    B．元器件

    C．设计水平

    D．原材料

7. 下列对第四代计算机发展方向的描述中，错误的是（　　）。

    A．微型化

    B．网络化

    C．智能化

    D．记忆化

8. 下列 4 种软件中不属于应用软件的是（　　）。

    A．Excel 2007

    B．WPS 2007

    C．Photoshop

    D．Windows 10

9. 下列设备中既属于输入设备又属于输出设备的是（　　）。

    A．U 盘

    B．显示器

    C．打印机

    D．键盘

10. 计算机按照用途可以分为（　　）。

    A．巨型机、大型机、小型机、微型机

    B．专用计算机、通用计算机

    C．科学工程计算机、工业控制计算机、数据计算机

    D．286 机、386 机、486 机、Pentium 机

11. 计算机系统的组成包括（　　）。

    A．主机、键盘和显示器

    B．计算机与外部设备

    C．硬件系统和软件系统

D．系统软件与应用软件

12．计算机硬件系统一般包括（　　）和外部设备。

A．主机

B．存储器

C．运算器

D．中央处理器

13．下列对当前个人计算机的叙述中错误的是（　　）。

A．运算速度达到几千万次/秒

B．可靠性更高

C．采用大规模、超大规模集成电路作为逻辑元件

D．朝着网络化、智能化等方向发展

14．某型计算机峰值性能达数亿亿次每秒，主要用于大型科学与工程计算和大规模数据处理，它属于（　　）。

A．巨型计算机

B．小型计算机

C．微型计算机

D．专用计算机

15．电子计算机按规模划分，可以分为（　　）。

A．数字电子计算机和模拟电子计算机

B．通用计算机和专用计算机

C．科学与过程计算计算机、工业控制计算机和数据计算机

D．巨型计算机、小型计算机和微型计算机

16．下列关于专用计算机的描述中，不正确的是（　　）。

A．用途广泛

B．针对性强、效率高

C．结构相对简单

D．为某种特定目的而设计

17．下列（　　）不是微型计算机。

A．PC

B．笔记本电脑

C．平板电脑

D．浪潮服务器

18．计算机的发展史可以看作（　　）的发展历史。

    A．微处理器

    B．主板

    C．存储器

    D．电子芯片

19．中央处理器由（　　）组成。

    A．控制器

    B．运算器与控制器

    C．控制器与主存

    D．运算器与寄存器

20．计算机的核心部件是（　　）。

    A．控制器

    B．存储器

    C．运算器

    D．中央处理器（CPU）

21．从逻辑功能上讲，下列（　　）设备属于主机部分。

    A．硬盘

    B．CPU

    C．显卡

    D．显示器

22．计算机软件系统包括（　　）。

    A．程序、数据与有关的文档

    B．系统软件与应用软件

    C．操作系统与应用软件

    D．操作系统与办公软件

23．在下列各组软件中，全部属于系统软件的一组是（　　）。

    A．语言处理程序、操作系统、数据库管理系统

    B．文字处理程序、编辑程序、操作系统

    C．财务处理软件、金融软件、网络系统

    D．WPS Office 2003、Excel 2000、Windows 98

24．计算机的主机是由（　　）构成的。

    A．运算器+控制器

    B．CPU+存储器

C．CPU+内存储器

  D．ROM+RAM

25．系统软件的核心应该是（  ）。

  A．语言处理程序

  B．编译程序

  C．解释程序

  D．操作系统

26．在下列软件中，（  ）是操作系统。

  A．Excel 2007

  B．Flash

  C．Windows 10

  D．金山毒霸

27．计算机按照数据处理规模大小可以分为巨型计算机、大型计算机、小型计算机和

（  ）。

  A．微型计算机

  B．平板电脑

  C．iPad

  D．Lenovo

28．I/O 设备的含义是（  ）。

  A．通信设备

  B．网络设备

  C．后备设备

  D．输入/输出设备

29．显卡，又称显示适配器，是计算机专门用于（  ）的设备。

  A．处理显示数据、图像信息

  B．运算和控制

  C．临时存储数据

  D．计算机与网络的连接

30．机箱前面板（正面）有电源开关、（  ）、电源指示灯、硬盘指示灯、USB 接口、耳机插口、传声器（麦克风）插口等设备。

  A．显卡插槽

  B．IDE 插槽

  C．复位开关

D．PS/2 接口

31．显示器也称监视器，是计算机重要的输出设备，主要分为（　　　）两大类。

A．平板和 CRT

B．CRT 和液晶

C．LED 和 LCD

D．直面和曲面

32．键盘是最常用的输入设备之一，按接口类型的不同可分为三类，下列（　　　）不是键盘接口。

A．AT（大口）

B．PS2（小口）

C．USB

D．SCSI

33．鼠标也称显示系统纵横位置指示器，是计算机中重要的输入设备，具体分类有多种，下列分类中正确的是（　　　）。

A．按连接方式分为两键鼠标和三键鼠标

B．按连接方式分为机械鼠标、光电鼠标、激光鼠标

C．按工作原理分为机械鼠标、光电鼠标、激光鼠标

D．按工作原理分为有线鼠标和无线鼠标

34．计算机工作时，靠（　　　）控制才能完成。

A．软件

B．硬件

C．主机

D．内存

35．关于计算机硬件系统，下列（　　　）是正确的。

A．软盘驱动器属于主机，软盘本身属于外部设备

B．硬盘和显示器都是计算机的外部设备

C．键盘和打印机均为输入设备

D．"裸机"是指不含外部设备的主机，若不安装软件系统则无法运行

36．冯·诺依曼体系结构的计算机是由（　　　）组成的。

A．控制器、运算器、存储器、输入和输出设备

B．CPU、内存、主板、硬盘和显示器等

C．主机箱、键盘、鼠标、音箱和显示器等

D．以上答案均不对

37．下列不是冯·诺依曼体系结构特征的是（　　　）。

　　A．先将编好的程序存入存储器，然后启动计算机

　　B．计算机内部采用二进制数制

　　C．计算机硬件由五大基本部件组成

　　D．所有计算机都采用相同的指令系统

38．计算机自诞生以来，无论在性能、价格等方面都发生了巨大的变化，但是（　　　）并没有发生多大的改变。

　　A．耗电量

　　B．体积

　　C．运算速度

　　D．基本工作原理

39．关于鲁大师的功能，下列说法不正确的是（　　　）。

　　A．可以检测配件参数

　　B．可以更新驱动程序

　　C．可以提供升级方案

　　D．可以检测散热器转速

40．根据图 1-1，判断下列选项中不正确的一项是（　　　）。

图 1-1　鲁大师主界面

　　A．软件版本为 6.15 版

　　B．该计算机用的是 AMD 的 CPU

　　C．该计算机用的是 AMD 的 GPU

　　D．该计算机用的是固态硬盘

41．图 1-2 是鲁大师性能测试结果，下列错误的一项是（　　）。

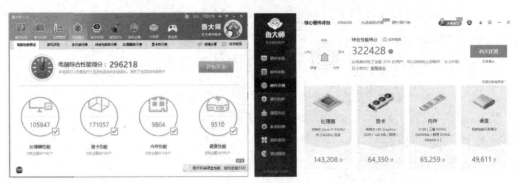

图 1-2　鲁大师性能测试结果

A．综合性能得分是处理器、显卡、内存、磁盘性能得分的总和

B．根据性能得分比较右图计算机性能一定比左图计算机性能强

C．如果再进行一次测试，其性能得分则可能会有所波动

D．可以查看综合性能排行

## 二、判断题

1．计算机硬件系统可以分为两大部分，即主机和内部设备。　　　　（　　）

2．运算器和控制器集成在一起就是通常所讲的 CPU。　　　　　　（　　）

3．个人计算机属于小型计算机。　　　　　　　　　　　　　　　（　　）

4．操作系统属于计算机应用软件。　　　　　　　　　　　　　　（　　）

5．世界上公认的第一台电子计算机的逻辑元件是电子管。　　　　（　　）

6．按工作原理不同，计算机可以分为专用计算机和通用计算机。　（　　）

7．计算机的性能主要包括软件性能和硬件性能，但软件对计算机的性能起着决定性作用。　　　　　　　　　　　　　　　　　　　　　　　　　　　（　　）

8．逻辑上计算机主机是控制器、运算器、内存储器的总称，物理上主要包括 CPU、内存、主板等部件。　　　　　　　　　　　　　　　　　　　　　　（　　）

9．人和计算机进行信息交换是通过输入/输出设备实现的。　　　　（　　）

10．对于主机来说，硬盘既是输入设备又是输出设备。　　　　　　（　　）

11．裸机是指不带外部设备的主机。　　　　　　　　　　　　　　（　　）

12．计算机系统由 CPU、存储器、输入设备组成。　　　　　　　　（　　）

13．微型计算机诞生于 1965 年。　　　　　　　　　　　　（　　　）

14．我们一般使用的微型机是通用计算机。　　　　　　　（　　　）

15．在计算机中，硬盘驱动器、软盘驱动器和光盘驱动器都安装在主机箱中，所以它们属于主机。　　　　　　　　　　　　　　　　　　　　　（　　　）

16．计算机发展至今，所采用的是冯·诺依曼结构。　　　（　　　）

17．主板的作用是将计算机的各个部件有机地整合在一起。　（　　　）

18．主板是主机箱里最大的电路板，也有人称之为系统板、母板。（　　　）

19．通用计算机是为某种特定目的而设计的计算机。　　　（　　　）

20．计算机系统由人们能看得见、摸得着的硬件系统和能完成各种任务的软件系统组成。　　　　　　　　　　　　　　　　　　　　　　　　　（　　　）

21．计算机中使用二进制数进行运算和存储的主要原因是，二进制数只有 0 和 1 两个符号，便于书写和阅读。　　　　　　　　　　　　　　　　　　（　　　）

22．系统软件包括操作系统、语言处理程序和数据库管理系统 3 部分，其中语言处理程序是系统软件的核心。　　　　　　　　　　　　　　　　　　（　　　）

23．内存是计算机在运行过程中永久存储数据的场所。　　（　　　）

24．网卡可以将接收到的其他网络设备传输的数据拆包，转换成系统能够识别的数据，但不可以将本地计算机中的数据打包传输到网络上。　　　　　（　　　）

25．键盘是常用的输入设备，通过键盘可以将英文字母、数字、标点符号、图形等输入计算机中。　　　　　　　　　　　　　　　　　　　　　　（　　　）

26．运算器是完成算术和逻辑操作的核心处理部件。　　　（　　　）

27．运算器是进行加、减、乘、除运算的部件，不能进行逻辑运算。　（　　　）

28．CPU 是计算机中最核心的部件，是整个计算机的运算和控制指挥中心。

（　　　）

29．机箱作为计算机中的一部分，其主要作用是放置和固定各种计算机配件，起到承托和保护作用。　　　　　　　　　　　　　　　　　　　　　（　　　）

30．计算机外部设备是除 CPU 以外的其他所有计算机设备。　（　　　）

31．鲁大师和 Windows 设备管理器一样，可以查看所用计算机的配置。（　　　）

32．配置完全相同的计算机，用鲁大师性能测试的成绩一定是一样的。（　　　）

33．在同一台计算机上反复运行鲁大师性能测试，测试成绩是一样的。（　　　）

34．平板电脑的系统有别于台式计算机，所以平板电脑不属于微型计算机。

（　　　）

# 第 2 章

## CPU 与 CPU 散热器

 **一、选择题**

1．下列关于 CPU 的叙述错误的是（　　　）。

　A．由运算器和控制器组成

　B．一个被封装在塑胶或陶瓷材料中的集成电路

　C．CPU 内核是 CPU 中间凸起的一片或若干片 $100mm^2$ 左右金属材质薄片

　D．CPU 表面的金属盖可以避免 CPU 的核心受到外力损害

2．对计算机来说，（　　　）的工作速度基本上决定了其性能。

　A．鼠标

　B．显卡

　C．CPU

　D．存储器

3．在计算机的核心部件中，人们通常用（　　　）来判断计算机的档次。

　A．CPU

　B．内存

　C．显示器

　D．主板

4．（　　　）是整个计算机的神经中枢，控制整个计算机各部件协调、一致地工作。

　A．微处理器

　B．控制器

　C．主机

D．I/O 接口

5．微型计算机 CPU 的主频率主要影响了它的（　　　）。

 A．存储容量

 B．运算速度

 C．I/O 接口

 D．总线宽度

6．一般地，CPU 的主频以（　　　）为单位。

 A．bps

 B．MHz

 C．dpi

 D．pixel

7．倍频系数是 CPU 的主频和（　　　）之间的相对比例关系。

 A．外频

 B．主频

 C．时钟频率

 D．都不对

8．CPU 的频率主要包括主频、外频、倍频系数，它们三者之间的关系是（　　　）。

 A．外频=主频×倍频

 B．倍频=主频+外频

 C．主频=外频×倍频

 D．外频=主频+倍频

9．CPU 的主频由外频与倍频决定，在外频一定的情况下，可以通过提高（　　　）来提高 CPU 的运行速度。

 A．倍频

 B．外频

 C．主频

 D．缓存

10．下列关于新旧 CPU 在工作电压上的叙述，正确的是（　　　）。

 A．CPU 的工作电压有着明显上升的趋势

 B．电压降低，功耗降低，发热量提高

 C．热量上升是提高 CPU 主频的重要前提之一

 D．功耗降低，系统的运行成本就相应降低

11．不断降低 CPU 工作电压的目的是（　　　）。

A．降低 CPU 的噪声

B．降低 CPU 的成本

C．便于与外围器件连接

D．降低 CPU 的功耗

12．CPU 的内核工作电压大小取决于（　　）。

A．CPU 制造工艺

B．CPU 针脚

C．CPU 主频

D．CPU 总线速度

13．制造工艺是指制造 CPU 的晶圆上相邻两个晶体管之间的距离，当距离更近时，（　　）是错误的。

A．PU 的工作电流、电压降低

B．CPU 的产品成本降低

C．核心面积进一步减小，发热量上升

D．单位面积晶圆上集成更多的晶体管

14．下列关于高速缓冲存储器 Cache 的描述中，不正确的是（　　）。

A．Cache 是介于 CPU 和内存之间的一种可高速存取信息的芯片

B．Cache 容量越大，效率越高

C．Cache 用于解决 CPU 和 RAM 之间的速度冲突问题

D．存放在 Cache 中的数据，使用时存在命中率的问题

15．高速缓冲存储器是为了解决（　　）之间速度不匹配而设置的。

A．CPU 与内存

B．CPU 与外存

C．CPU 与外部设备

D．内存与外存

16．下列各存储器中，存取速率最快的是（　　）。

A．Cache

B．动态 RAM（DRAM）

C．CD-ROM

D．硬盘

17．下列关于缓存的说法中，错误的是（　　）。

A．缓存是临时存储器，当计算机关机后，缓存内的数据消失

B．CPU 读取数据的顺序是，既可以先读缓存，也可以先读内存

C．缓存的读取命中率越高越好

  D．早期 CPU 内核集成的缓存称为一级缓存，而外部的缓存称为二级缓存

18．CPU 能够直接访问的存储器是（　　　）。

  A．软盘

  B．机械硬盘

  C．内存

  D．CD-ROM

19．下列处理器性能指标中，最影响性能和价格的是（　　　）。

  A．主频、接口类型

  B．品牌、制造工艺

  C．缓存、主频

  D．缓存、核心数

20．下列关于前端总线的叙述中，错误的是（　　　）。

  A．前端总线是将 CPU 连接到北桥芯片的总线

  B．前端总线的传输速度要比 QPI 总线的传输速度快

  C．前端总线的带宽如果低于 CPU 的数据带宽，则会影响 CPU 的性能发挥

  D．前端总线就是多个部件间的公共连线

21．CPU 与北桥芯片之间的数据通道被称为（　　　）总线。

  A．FSB

  B．QPI

  C．DMI

  D．PCI-E

22．下列关于 QPI 总线特点的叙述中，错误的是（　　　）。

  A．QPI 总线是为了解决传输"瓶颈"问题而产生的

  B．QPI 总线能够让 CPU 直接通过内存控制器访问内存资源

  C．QPI 总线的带宽=QPI 频率×每次传输的有效数据（16bit/s）

  D．QPI 总线可实现多核处理器内部的直接互联

23．关于 QPI 和 DMI 总线之间的分工，下列说法错误的是（　　　）。

  A．DMI 总线是北桥芯片和 CPU 之间的数据通道

  B．QPI 总线替代了 FSB 总线，将北桥芯片集成到 CPU 中

  C．DMI 总线负责 CPU 与外部的数据交换

  D．QPI 总线主要用于处理器之间和系统组件之间的互联通信

24．CPU 的接口种类很多，现在大多数的 Intel CPU 为（　　　）接口。

  A．针脚式

B．双列直插式

C．卡式

D．触点式

25．CPU接口多种多样，（　　　）接口不是CPU接口。

A．Slot A

B．Socket 478

C．LGA775

D．PCI-E

26．触点式接口是Intel公司最新的CPU接口技术，下列叙述错误的是（　　　）。

A．便于频率的提升

B．更容易加大针脚的密度

C．适合高功耗和高主频的处理器

D．市场上常见的接口有Socket 478

27．主板上的Socket插座使用了一种技术，使得当插拔CPU时为零插拔力，这种技术被称为（　　　）。

A．ZIF

B．Slot

C．ALU

D．SCSI

28．精简指令系统简称（　　　）。

A．CISC

B．RISC

C．FISC

D．VLSI

29．用MIPS衡量的计算机性能指标是（　　　）。

A．主频

B．识别率

C．运算速率

D．存储容量

30．在计算机中，能够响应输入/输出设备发出中断请求的部件是（　　　）。

A．显示器

B．鼠标

C．CPU

D．总线

31．下列关于超线程技术的说法错误的是（　　　）。

　　A．超线程技术的 CPU 在功能上与双核 CPU 相似

　　B．超线程技术就是利用特殊的硬件指令，把两个逻辑内核拟成物理芯片

　　C．超线程技术是让单个处理器能使用线程级并行计算，从而兼容多线程并行计算

　　D．只要 CPU 支持超线程技术，能发挥超线程的性能，就与其他硬件和软件无关

32．实现在单处理器上模拟双处理器功能的技术是（　　　）。

　　A．本地信号处理技术

　　B．超线程技术

　　C．超标量技术

　　D．超流水线技术

33．下列（　　　）是动态加速频率。

　　A．睿频

　　B．超频

　　C．主频

　　D．倍频

34．双通道内存系统有 2 个内存控制器，因此在双通道模式下具有（　　　）bit 的内存位宽。

　　A．16

　　B．32

　　C．64

　　D．128

35．微型计算机的分类方法很多，将其分为 8 位、16 位、32 位和 64 位微型计算机的分类方法是根据计算机的（　　　）划分的。

　　A．用途

　　B．组装形式

　　C．一次处理数据宽度

　　D．是否由终端用户使用

36．通常说"32 位微型计算机"，这里的"32"是指（　　　）。

　　A．微型计算机的型号

　　B．计算机字长

　　C．内存容量

　　D．存储单位

37. 当前 CPU 市场上，只剩下（　　）两家 CPU 生产厂家。

    A．Intel 和 AMD

    B．IBM 和 AMD

    C．AMD 和 Cyrix

    D．联想和 Intel

38. 目前，世界上最大的 CPU 及相关芯片制造商是（　　）。

    A．Intel

    B．IBM

    C．Microsoft

    D．AMD

39. 通常，在微型计算机中，80486 或 Pentium（奔腾）指的是（　　）。

    A．微机名称

    B．微处理器型号

    C．产品型号

    D．主频

40. 下列 CPU 中属于双核心 4 线程的是（　　）。

    A．Pentium Ⅲ

    B．i3-3220

    C．i5-3450

    D．i7-3930K

41. 图 2-1 所示为某品牌 CPU 包装盒上的技术参数，其中"LGA2011"表示（　　）。

图 2-1　i7-3930K

    A．该 CPU 有 2011 个触点

    B．该 CPU 有 2011 个针脚

    C．该 CPU 生产于 2011 年

    D．该 CPU 的质保期截止到 2011 年

42. 图 2-2 所示为某品牌 CPU 包装盒上的技术参数，其中"65W"表示（　　）。

图 2-2　i3-3220

A．该 CPU 为 Intel 的 W 系列产品

B．该 CPU 的工作温度不得超过 65℃

C．该 CPU 的工作温度不得超过 65℉

D．该 CPU 的额定功率为 65W

43．图 2-3 所示为 Pentium Ⅱ 400 CPU，其中有一个体积较大的芯片和两个体积稍小的芯片，以上所说的三个芯片是（　　　）。

图 2-3　Pentium Ⅱ 400 CPU

A．大的是 CPU，小的分别是一级缓存和二级缓存

B．大的是 CPU，小的是一级缓存

C．大的是 CPU，小的是二级缓存

D．大的是 CPU，小的分别是二级缓存和三级缓存

44．目前，主流 CPU 的字长是（　　　）。

A．64 位

B．32 位

C．16 位

D．以上都不对

45．从图 2-4 中可知，该 CPU 采用的接口类型是（　　　）。

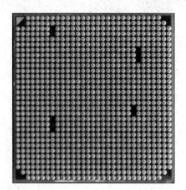 

图 2-4　Athlon Ⅱ

A．触点式

B．针脚式

C．卡式

D．看不出来

46．Intel 曾经使用过被称为 Slot1 的 CPU 接口，（　　　）是最早使用该接口类型的 CPU。

A．Pentium MMX

B．Pentium Ⅱ

C．Pentium Ⅲ

D．Pentium 4

47．第 12 代酷睿处理器采用的接口是（　　　）。

A．LGA2011

B．LGA2011-V3

C．LGA1700

D．LGA1151

48．下列处理器中 4 核心的是（　　　）。

A．i3-10100

B．Ryzen 5 3600

C．i5-11600K

D．i7-12600K

49．下列处理器中没有集成显卡的是（　　　）。

A．Ryzen 7 7700X

B．Ryzen 3 3200G

C．Ryzen 5 5800X

D．Ryzen 7 5700G

50．下列处理器中三级缓存最大的是（　　　）。

　　A．i5-12600

　　B．i7-12600K

　　C．Ryzen 5 5600G

　　D．Ryzen 5 7600X

51．下列处理器中线程数量最多的是（　　　）。

　　A．Ryzen 5 5600G

　　B．i7-10700K

　　C．Ryzen 5 7600X

　　D．i5-12600

52．目前，Intel 处理器采用的最先进生产工艺 Intel 7 是（　　　）nm 工艺。

　　A．12

　　B．14

　　C．10

　　D．22

53．下列 CPU 中采用 7nm 工艺的是（　　　）。

　　A．Ryzen 5 3600

　　B．i5-12600

　　C．Ryzen 5 7600X

　　D．i9-12900K

54．下列处理器中功耗最大的是（　　　）。

　　A．i5-12600

　　B．i7-12600K

　　C．i5-11600K

　　D．Ryzen 7 7700X

55．下列处理器中支持 DDR5 内存的是（　　　）。

　　A．i7-10700K

　　B．i5-11600K

　　C．Ryzen 9 5950X

　　D．Ryzen 9 7950X

56．图 2-5 中 i7-8700K 的核心数量是（　　　）。

图 2-5　i7-8700K

A．12

B．10

C．8

D．6

57．图 2-5 中的 i7-8700K 的最高主频是（　　　）MHz。

A．799.61

B．800

C．4300

D．4700

58．下列处理器中支持 4 通道内存技术的是（　　　）。

A．i9-11900K

B．i9-12900K

C．i9-10900X

D．Ryzen 9 7950X

59．对图 2-5 中二级缓存 6×256KB 解释不正确的是（　　　）。

A．CPU 的每个核心都有独立 256KB 二级缓存

B．6 个二级缓存轮流工作，不能同时工作

C．CPU 一共有 1.5MB 的二级缓存

D．它们都在 CPU 内部

60．图 2-5 中"规格"文本框中显示为 3.70GHz 主频，而"时钟"栏的核心速度是 4300.00MHz，造成这种现象的原因是（　　　）。

A．软件测试误差造成的，多测试几次就可以得到一致的结果

B．盗版软件，没有参考价值

C．"规格"文本框中的频率是厂家额定工作频率，"时钟"栏中的是测试时的实际频率

D．4300.00MHz 是通过超频才能达到的频率，3.70GHz 才是正常频率

61．根据图 2-6，下列描述错误的一项是（　　　）。

图 2-6　AMD Ryzen 9 5950X

A．是一款 AMD 的处理器

B．有 8MB 二级缓存

C．处理器最高主频是 3632.64MHz

D．有 1331 个针脚

62．最适合支持图 2-6 中处理器的芯片组是（　　　）。

A．X670 芯片组

B．Z370 芯片组

C．B550 芯片组

D．X570 芯片组

63．下列关于图 2-7 说法不正确的是（　　　）。

图 2-7　i7-11700K

A．是 i7 处理器

B．是第 11 代酷睿处理器

C．该处理器有集成显卡

D．该处理器的最高运行频率为 3.60GHz

64．图 2-8 中的处理器为 i5-9400F，下列关于字母"F"的解读正确的是（　　　）。

图 2-8　i5-9400F

A．该处理器支持超频

B．该处理器没有集成显卡

C．该处理器属于低功耗版本

D．该处理器为 8086 纪念版

65．图 2-9 中的处理器为 Ryzen 9 5950X，下列关于字母"X"的解读正确的是（　　）。

图 2-9　Ryzen 9 5950X

    A．表示该处理器属于无集成显卡版本

    B．低功耗版本

    C．可超频版本

    D．无特殊含义

66．下列关于图 2-10 的描述不正确的是（　　）。

图 2-10　i7-10700

    A．该处理器不能与第 8 代酷睿共用主板

    B．该处理器不能与第 9 代酷睿共用主板

    C．该处理器定位高端

    D．该处理器有 16MB 的二级缓存

67．Ryzen 9 5950X 的总线频率（外频）是 100MHz，倍频系数是 34，其加速频率应该是（　　）。

    A．3400MHz

    B．不到 3400MHz

    C．大于 3400MHz

    D．不好说

68．下列 CPU 中针脚（触点）数量最多的是（　　　）。

A．i7-12700K

B．i9-10980XE

C．Ryzen 9 5950X

D．Ryzen Threadripper Pro 3995WX

69．下列关于 CPU 指令集的叙述有误的是（　　　）。

A．不同的 CPU 支持的指令集有所不同

B．为区分市场定位，同一代的酷睿 i7 处理器支持的指令集比 i3 处理器支持的指令
集多一些

C．AMD 和 Intel 的指令系统略有区别

D．指令集越丰富，在运行新软件的时候越有优势

70．下列 CPU 中核心线程数最多的是（　　　）。

A．Intel 酷睿 i5-12600KF

B．Intel 酷睿 i5-12600K

C．Intel 酷睿 i7-12700K

D．Intel 酷睿 i9-12900KF

71．下列 CPU 中核心/线程数最多的是（　　　）。

A．AMD Ryzen 5 5600X

B．AMD Ryzen 7 5800X

C．AMD Ryzen 9 5900X

D．AMD Ryzen 9 5950X

72．图 2-11 和图 2-12 是 i7-9700K 两个状态下的 CPU-Z 截图，造成不同结果的原因是
（　　　）。

图 2-11　i7-9700K 的 CPU-Z 截图 1　　　　图 2-12　i7-9700K 的 CPU-Z 截图 2

A．软件需运行一定时间后才能准确侦测到正确的参数，所以有误差

B．盗版软件或非正式版的软件检测易产生偏差，应用正版软件并在注册后运行、检测

C．运行该软件时的负载（CPU 占用率）不同导致，属于正常情况

D．与 CPU 搭配的内存容量、显卡规格不同，会导致检测结果有差异，属于正常情况

73．AMD 自推出 Ryzen（锐龙）系列 CPU 产品以来一改技术落后的形象，很快抢占了较大的市场份额。但因种种原因，其产品线也有不完善（完整）的情况，下列（　　）是 AMD 没有推出的产品系列。

A．二代锐龙

B．三代锐龙

C．四代锐龙

D．五代锐龙

74．关于图 2-13 中 CPU 规格的叙述错误的是（　　）。

图 2-13　i5-9600KF

A．最高运行频率为 3.7GHz

B．属于 9 代酷睿 i5

C．适用于 LGA1151 主板

D．该处理器必须配独立显卡

75．CPU 故障大多是由（　　）引起的。

A．散热不当

B．CPU 在主板上使用不当

C．CPU 的跳线设置不当

D．安装不当

76．下列关于 CPU 风扇散热器的叙述正确的是（　　）。

A．风扇转速越高，声音越小

B．铜铝结合型的散热器比单一铝质散热器的散热效果好

C．有了 CPU 风扇散热器，CPU 就不会被烧坏

D．散热器中像暖气片一样的片状部分的表面积越小越好

77．下列描述中散热效果最好的是（　　　）。

　　A．被动式散热器

　　B．带热管的风扇

　　C．静音型散热风扇

　　D．普通风扇

78．下列不属于水冷式散热器特点的是（　　　）。

　　A．体积大

　　B．散热效果好

　　C．价格便宜

　　D．结构复杂

79．CPU 采用的降温方式有多种，下列（　　　）不适用。

　　A．风冷

　　B．热管散热

　　C．水冷

　　D．关机降温

80．在购买 CPU 时，下列（　　　）不可取。

　　A．尽量买贵的

　　B．性价比要适合用户的需求

　　C．考虑兼容性等因素

　　D．考虑内存和显卡的匹配问题

81．CPU 顶盖上的标志中一般没有（　　　）参数。

　　A．品牌、型号

　　B．发热量、价格

　　C．主频、二级缓存

　　D．生产地、产品编号

82．下列所述功能中，CPU-Z 不能实现的是（　　　）。

　　A．推荐支持该处理器的主板

　　B．检测处理器支持的指令集

　　C．检测内存容量及通道数

　　D．检测处理器一、二、三级缓存容量

83．根据图 2-14，错误的一项是（　　　）。

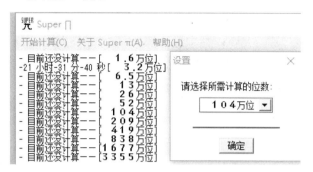

图 2-14　Super π

A．软件名称叫作 Super π

B．用于计算 π 值

C．用于衡量 CPU 的运算能力

D．测试的结果是时间

84．根据图 2-15，错误的一项是（　　　）。

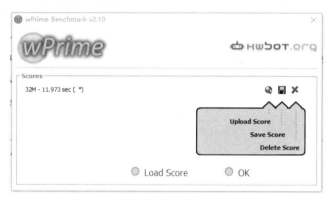

图 2-15　wPrime

A．软件名称叫作 wPrime

B．测试结果是时间

C．时间越短越好

D．不能作为评测不同 CPU 性能的依据

## 二、判断题

1．计算机的性能指标完全由 CPU 决定。　　　　　　　　　　　　　　（　　　）

2．高速缓存是 CPU 与主存储器之间进行数据交换的缓冲，其特点是速度快、容量小。

（　　）

3．计算机的所有计算都是在内存中进行的。（　　）

4．在安装 CPU 风扇之前，为了使风扇固定，要在 CPU 上涂大量的硅胶。（　　）

5．主频、外频和倍频的关系：主频=外频×倍频。（　　）

6．主频用来表示 CPU 的运算速度，主频越高，表明 CPU 的运算速度越快。（　　）

7．缓存的大小对计算机的性能影响不大，所以 Intel CPU 的缓存普遍比 AMD CPU 的缓存小。（　　）

8．一台计算机的 CPU 注明规格是 Intel P4 2.4GHz，说明该处理器的主频和外频都是 2.4GHz。（　　）

9．在图 2-16 中，CPU 始终工作在 3.7GHz 频率上。（　　）

图 2-16　i5-9600KF CPU

10．CPU 的制造工艺越先进，其工作电压就越低，CPU 运行时的功耗也就越低。

（　　）

11．CPU 是计算机系统的核心，在一定程度上决定着计算机的性能。（　　）

12．CPU 的金属盖可以起到很好的导热作用，也可以保护 CPU 不受外力损坏。

（　　）

13．CPU 的基板一般由单晶硅组成。（　　）

14．计算机的运算精度取决于计算机字长。（　　）

15．CPU 控制器的功能是控制运算的速度。（　　）

16．在超线程技术中，由于两个线程共同使用一样的执行资源，因此会出现一个线程执行命令而另一个线程闲置的情况。（　　）

17．PCI-E 即 PCI-Express，是目前使用最广泛的总线接口之一，负责 CPU 与显卡、固态硬盘和其他支持 PCI-E 规范通信的外设间的数据通信。

18．三级缓存大小是 CPU 的重要技术指标。（　　）

19．IPC（Instruction Per Clock），意为 CPU 在每个时钟周期内所执行的指令数。

（　　）

20．CPU 的物理结构可以分为内核、基板、填充物、封装及接口五部分。　（　　）

21．主频越高，CPU 的运算速度一定就越快。　（　　）

22．从 8086 到现在的处理器，CPU 的工作电压有明显的下降趋势。　（　　）

23．更好的制作工艺可以在单位面积晶圆上集成更多的晶体管，但更多的晶体管也提高了 CPU 的产品成本。　（　　）

24．缓存的读取速率要比内存的读取速率慢，但比硬盘的读取速率快。　（　　）

25．一级缓存分为数据缓存和指令缓存，两者分别用来存放数据和执行这些数据的指令。　（　　）

26．增加二级缓存容量对 CPU 的性能没有影响。　（　　）

27．前端总线是将 CPU 连接到南桥芯片的总线。　（　　）

28．前端总线的带宽低于 CPU 的数据带宽就会影响 CPU 的运算速度，这种现象称为"瓶颈"。　（　　）

29．QPI 总线能够使 CPU 直接访问内存资源。　（　　）

30．QPI 总线是一种先进的技术，不包括北桥芯片的功能。　（　　）

31．北桥芯片用来连接 CPU、内存控制器、PEI-E 控制器等快速设备，南桥芯片用来连接 IDE、SATA、网卡等外围设备。　（　　）

32．新一代的 Intel CPU 采用了 QPI 总线技术，CPU 与南桥芯片相连，它们之间的连线称为 DMI 总线。　（　　）

33．CPU 接口不同，无论在插孔数、体积，还是在形状上都有变化，所以不能互相接插。　（　　）

34．Intel 公司是目前全球最大的 CPU 生产商，其 CPU 的优点是覆盖高、中、低端用户，性价比高，稳定性高，兼容性好。　（　　）

35．在购买 CPU 时，对于不同人群来说，最贵的就是最好的。　（　　）

36．CPU 风扇越大，风量就越大，所以在安装 CPU 风扇时要用最大号的。　（　　）

37．随着 CPU 频率变快，其产生的热量也越来越多，CPU 风扇的功率也随之渐长。

（　　）

38．架构相同的 CPU，核心数量越多性能越好。　（　　）

39．AMD Ryzen 3 2200G 和 Intel i3-8100 都是入门级处理器，集成显卡的性能应该相差不大。　（　　）

40．第 11 代酷睿处理器的制作工艺仍然是 14nm 工艺。　（　　）

41．AMD 的 Ryzen 5 5600G 属于有集成显卡的处理器。　（　　）

42. 作为 AMD 的高端产品，Ryzen 7 7700X 有集成显卡。 （　　）

43. CPU 高端产品的三级缓存就是每个核心都有独立的缓存。 （　　）

44. 第 8 代酷睿处理器集成的显卡是 HD630。 （　　）

45. AMD Ryzen 7 5700X 处理器有 8 个核心和 32MB 三级缓存，所以每个核心都可以分配 4MB 的独立缓存。 （　　）

46. Super π 用于准确计算 π 值。 （　　）

47. 为了保证 CPU 正常工作，静音型散热器的直径要大一些。 （　　）

48. CPU 的一级缓存分为指令缓存和指针缓存。 （　　）

49. 越新的 CPU，其支持的指令集越丰富，性能也越好。 （　　）

50. 同等情况下 CPU 的核心越多，耗电量越低。 （　　）

51. CPU 在计算机硬件系统中属于用电量大的部件。 （　　）

52. CPU 的工作电压只有 1V 左右，所以耗电量很小。 （　　）

53. CPU 的工作频率是固定不变的。 （　　）

54. 缓存越大的 CPU 算力越强，不能做更大的缓存是因为受到制造工艺的限制。 （　　）

55. 第 11 代酷睿处理器采用的是 LGA1200 接口。 （　　）

56. 第 12 代酷睿处理器采用的是 LGA1700 接口。 （　　）

57. 第 13 代酷睿处理器采用的是 LGA1718 接口。 （　　）

58. Ryzen 7000 处理器更新为 AM5 接口，有 1718 个触点。 （　　）

59. CPU 的工作电压是随着工作任务情况变化的，所以其功耗值和发热量也随之变化，其风扇转速也时快时慢。 （　　）

60. CPU 顶盖上标有 i3-12100 字样，其中数字 12 表示其为第 12 代酷睿处理器。 （　　）

61. AMD 的 Ryzen 7000 处理器采用了最先进的 12nm 工艺。 （　　）

62. 第 12 代酷睿处理器不支持 PCI-E 5.0 技术。 （　　）

63. CPU-Z 检测 CPU 参数时主频值有时很低，是因为它处于低功耗状态。 （　　）

# 第 3 章
# 主 板

## 一、选择题

1. 主板是计算机的"中枢系统"，它还有多种叫法，下列错误的是（　　）。

    A. 主机板

    B. 系统板

    C. 母板

    D. 印制电路板

2. 下列对主板的叙述错误的是（　　）。

    A. 主板是机箱内最大的电路板

    B. 主板是计算机系统的中枢系统

    C. 所有的其他配件和外设都直接或通过线路与主板相连

    D. 主板上集成了电源插座、CPU 插座、北桥芯片、南桥芯片、显卡芯片等设备

3. 图 3-1 为某主板接口，可以看到该主板共有（　　）种接口。

图 3-1　某主板接口

    A. 1

    B. 2

C．3

D．4

4．图 3-2 中没有的接口是（　　）。

图 3-2　ATX 主板

A．VGA 接口

B．USB 接口

C．并行接口

D．串行接口

5．图 3-3 中的内存插槽、PCI-E×16 和 PCI 插槽的数量分别为（　　）。

图 3-3　主板

A．2、2 和 2

B．2、2 和 3

C．4、2 和 2

D．4、2 和 3

6．图 3-4 为某主板的硬盘接口特写，从图中可以看到该主板分别支持（　　）个 SATA 2.0 设备和（　　）个 SATA 3.0 设备。

图 3-4 主板的硬盘接口

A. 6 2

B. 4 2

C. 2 4

D. 6 6

7. 图 3-5 为主板局部特写，可以看出它是（ ）。

图 3-5 主板局部

A. 电源插座

B. CPU 插座

C. 内存插槽

D. M.2

8. 图 3-6 为主板 CPU 与内存插槽的局部特写，其中有"CPU_FAN1"字样的部分用于（ ）。

图 3-6　主板 CPU 与内存插槽的局部特写

A．为 CPU 供电

B．为 CPU 风扇供电

C．为 CPU 加速

D．为 CPU 大负荷运行时加速

9．图 3-7 中显示的输出接口和 USB 接口的数量分别是（　　　）。

图 3-7　主板输出接口

A．1 和 4

B．1 和 6

C．2 和 4

D．2 和 6

10．图 3-8 中 HDLED、SPEAKER、RESET 等的作用是（　　　）。

图 3-8　主板跳线

A．前置 USB

　B．连接机箱面板开关和指示灯的跳线

　C．维修主板专用的跳线

　D．超频玩家专用的跳线

11．主板上不仅有各类芯片与插槽，还有各类外设接口，（　　）接口一般情况下不会出现在主板的 I/O 接口中。

　A．SATA

　B．USB

　C．RJ-45

　D．VGA

12．下列关于主流主板的说法，不正确的是（　　）。

　A．主要采用 ATX 结构

　B．可提供多个 USB 2.0 和 USB 3.0 标准的接口

　C．有一个或多个 PCI-E×16 的图形接口

　D．为方便使用 DV 提供 1 个或 2 个 IEEE 1394 接口

13．计算机主板上可以更换的部件包括（　　）。

　A．芯片组和 CPU

　B．芯片组和存储器

　C．南桥芯片和北桥芯片

　D．CPU 和存储器

14．如图 3-9 所示，主板上没有的部件是（　　）。

图 3-9　高端主板

　A．PCI 插槽

　B．PS/2 接口

　C．北桥芯片

D．内存插槽

15．下列属于总线标准的是（      ）。

　　A．PCI-E

　　B．HDD

　　C．VGA

　　D．LCD

16．如图 3-10 所示，下列说法有误的是（      ）。

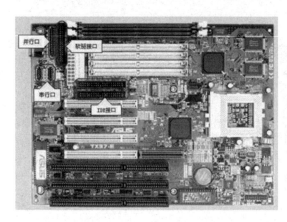

图 3-10　不同板型

　　A．左边是 ATX 板型，右边是 AT 板型

　　B．两图中内存插槽的位置不一样

　　C．两图中显卡插槽的类型不一样

　　D．两图中电源插座的位置和形状都不一样

17．（      ）不是 Micro-ATX 主板的特点。

　　A．比 ATX 主板小

　　B．适合顶配机型

　　C．性价比高

　　D．插槽数量少一些

18．下列关于 ATX 主板的说法错误的是（      ）。

　　A．ATX 标准的主板尺寸为 12 英寸×9.6 英寸

　　B．ATX 主板的布局更加合理，走线更短、更少，空气流通性更好

　　C．ATX 主板在关机状态下，系统不能接收和处理任何指令

　　D．ATX 主板使机箱内部走线减少，降低了电磁辐射和信号的衰减

19．下列由图 3-11 Socket 1151 得出的结论中，错误的是（      ）。

图 3-11 Socket 1151

A．该主板支持 DDR4 内存

B．支持第 8 代酷睿处理器

C．支持第 9 代酷睿处理器

D．支持第 10 代酷睿处理器

20．图 3-12 中的 CPU 插座，（ ）处理器不能安装。

图 3-12 CPU 插座

A．Ryzen 5 2400G

B．Ryzen 7 3700X

C．Ryzen 3 1200

D．Ryzen 5 7700X

21．在 Intel 和 AMD 架构中完全消失的部件是（ ）。

A．北桥芯片

B．南桥芯片

C．CMOS

D．USB

22．在南北桥结构的主板中，下列（　　）不属于北桥芯片管理的范围。

A．处理器

B．内存

C．AGP 接口

D．SATA 接口

23．评定主板的性能首先要看（　　）。

A．CPU

B．芯片组

C．主板结构

D．内存

24．计算机中使用什么样的存储器模组（内存）主要取决于（　　）。

A．CPU 和芯片组

B．芯片组和总线

C．QPI 与 FSB

D．北桥与南桥

25．主板的核心和灵魂是（　　）。

A．CPU 插座

B．扩展槽

C．芯片组

D．BIOS 和 CMOS 芯片

26．下列关于主板芯片组的叙述中，错误的一项是（　　）。

A．现在的主板芯片组多为单芯片的形式（相当于原来的北桥芯片）

B．主板芯片组可以说是主板的灵魂与核心

C．高端主板的芯片组经常通过覆盖散热装置来保障系统稳定运行

D．南桥芯片的作用是将速度较慢的设备集中在一起

27．（　　）决定了计算机可以支持的内存数量、种类、引脚数目。

A．网络和声卡芯片

B．芯片组

C．内存芯片

D．内存颗粒

28．SATA 接口与 IDE 接口是新旧两种硬盘接口，下列说法正确的是（　　）。

　　A．SATA 接口与 IDE 接口都是串行接口

　　B．IDE 接口为 40 针或 80 针，而 SATA 接口只有 4 针，所以 IDE 接口传输速率更快

　　C．现在的主板全部为 SATA 2.0/3.0 接口

　　D．SATA 3.0 定义的数据传输速率为 600MB/s

29．计算机多采用 SATA 接口连接硬盘，如果计算机主板提供 4 个 SATA 接口，则（　　）。

　　A．必须连接 4 个 SATA 硬盘

　　B．最多可以连接 8 个 SATA 硬盘

　　C．最多可以连接 4 个 SATA 硬盘

　　D．至少需要连接 2 个 SATA 硬盘

30．在计算机中，下列接口通常用来连接硬盘驱动器的为（　　）。

　　A．USB Type C

　　B．SATA M.2

　　C．1394 SATA

　　D．COM1 USB

31．下列关于固态硬盘的描述不正确的是（　　）。

　　A．M.2 接口比 SATA 接口的固态硬盘读写速度快

　　B．数据传输协议有 NVME 和 SATA

　　C．读写速度快慢还取决于 PCI-E 总线类型

　　D．读写速度不对称

32．下列对图 3-13 中的接口描述错误的是（　　）。

图 3-13　数据接口

　　A．可提供 5V/500mA 电力供应

　　B．属于 USB 3.0 规范

　　C．接口传输速度可达到 10Gbit/s

D．支持热插拔

33．USB 3.1 接口有多种形态，下列不属于 USB 3.1 的是（　　　）。

A．Type A

B．Type B

C．Type C

D．Type D

34．PCI-E 能够实现不同的扩展卡和扩展插槽的兼容，其含义是（　　　）。

A．较长的扩展卡可以插到较短的扩展插槽上

B．较短的扩展卡可以插到较长的扩展插槽上

C．可以将 PCI 扩展卡插到 PCI-E 扩展插槽上

D．可以将 PCI-E 扩展卡插到 PCI 扩展插槽上

35．从计算机进入 Pentium 4 开始至今，显卡标准经历了 3 个不同的时期，按照时间顺序分别是（　　　）。

A．PCI→AGP→PCI-E×16

B．ISA→PCI→AGP

C．PCI →AGP→PCI-E×1

D．AGP→PCI-E×1→PCI-E×16

36．速度最快的显卡传输接口为（　　　）。

A．PCI

B．AGP

C．ISA

D．PCI-E

37．16 通道、5.0 规范的 PCI-E 通道提供的带宽是（·　　）。

A．32GB/s

B．64GB/s

C．128GB/s

D．256GB/s

38．16 通道、4.0 规范的 PCI-E 插槽提供的带宽是（　　　）。

A．8GB/s

B．16GB/s

C．32GB/s

D．64GB/s

39．主流主板有 4 个内存插槽，如果实现 2×16GB 的双通道内存系统，则应优先使用（　　　）插槽。

A．第二、四

B．第一、三

C．第一、二

D．第三、四

40．下列关于主板各项技术指标的叙述中，错误的是（　　　）。

A．目前几乎所有主板都集成了声卡和千兆网卡芯片

B．SATA（Serial ATA）以连续串行的方式传输数据

C．目前几乎所有主板同时提供 USB 2.0 和 USB 3.0 的接口，一般 USB 3.0 的接口是蓝色的

D．双通道技术是专为显卡所设计的，能够提供极高的带宽，以满足系统的需求

41．下列关于图 3-14 中右下角"Dual Channel DDR3 2400+"的解读有误的一项是（　　　）。

图 3-14　主板局部

A．说明该主板只能支持频率为 2400MHz 的 DDR3 内存，并且能在双通道模式下工作

B．说明该主板最高支持频率为 2400MHz 的 DDR3 内存

C．说明该主板最高支持频率为 2400MHz 的 DDR3 内存，并且能在双通道模式下工作

D．说明该主板还能支持低于 2400MHz 的 DDR3 内存，并且能在双通道模式下工作

42．最近逐渐流行起来的主板接口是（　　　）。

A．PCI-E×16

B．SATA 3.0

C．M.2

D．USB 3.0

43．图 3-15 为某主板上的接口，它应该是（　　　）。

图 3-15　主板上的接口

A．M.2 固态硬盘接口

B．Type C 接口

C．前置 USB 接口

D．SATA 接口

44．某品牌 M.2 接口的 SSD 包装上标了 2280 的规格，对其正确的理解是（　　　）。

A．长度为 2280mm

B．面积为 2280mm$^2$

C．宽为 22mm、长为 80mm

D．和外观尺寸无关

45．主板支持的固态硬盘最大尺寸是（　　　）。

A．42mm

B．60mm

C．80mm

D．110mm

46．主板的 M.2 接口速度差异很大是（　　　）。

A．由主板厂家研发能力差异导致的

B．由固态硬盘厂家设计能力差异导致的

C．由主板与固态硬盘的兼容性差异导致的

D．由技术标准不同导致的

47．最快的固态硬盘（SSD）的理论数据传输速率可以达到 8GB/s，是因为其采用了

（　　　）。

A．4 个 PCI-E4.0 通道的通信技术

B．4 个 PCI-E3.0 通道的通信技术

C．4 个 PCI-E5.0 通道的通信技术

D．8 个 PCI-E3.0 通道的通信技术

48．CLRCMOS1 的含义是（　　）。

A．清除 CMOS 信息

B．删除 BIOS 程序

C．给 CMOS 加保护

D．备份 CMOS 信息

49．计算机的开机自检是由（　　）里的程序完成的。

A．CMOS

B．CPU

C．BIOS

D．内存

50．下列关于主板各项技术的叙述中，错误的一项是（　　）。

A．BIOS 保存着计算机最重要的基本输入/输出的程序、系统设置信息、开机后自检程序和系统自启动程序

B．主板上的纽扣电池为 CMOS 供电

C．UEFI 的各项功能比 BIOS 更加强大，目前 BIOS 已被取代

D．BIOS 只是为保存系统日期、时间、启动顺序、开机口令等信息而产生的

51．开机不能完成正常自检（POST），可以认定是（　　）出了故障。

A．主板

B．硬盘

C．电源

D．内存

52．基本输入输出系统（BIOS）已被"统一的可扩展固件接口"取代，这里所说的"统一的可扩展固件接口"是指（　　）。

A．DMI

B．SCSI

C．CCC

D．UEFI

53．根据图 3-16 不能得出的结论是（　　）。

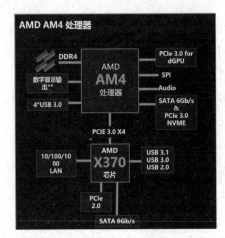

图 3-16　AMD 架构

A．AMD 架构中也没有北桥芯片了

B．新架构中处理器可以直接访问内存

C．新架构中处理器可以直接管理 NVME 规范的固态硬盘

D．新架构全面支持 4 通道内存

54．下列 CPU 和芯片组的对应关系中错误的是（　　）。

A．B550、X570 等芯片组可以支持 5000 系列 Ryzen 处理器

B．B560、Z590 等芯片组可以支持 11 代酷睿处理器

C．Z690 芯片组可以支持 12 代酷睿处理器

D．B450、X470 等芯片组可以支持 4000 系列 Ryzen 处理器

55．图 3-17 为某款主板的宣传资料截图，其应为（　　）。

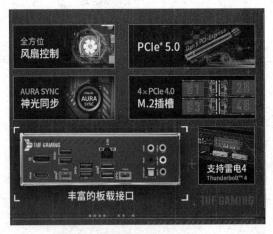

图 3-17　某款主板的宣传资料

A．支持 9 代酷睿的主板

B．支持 10 代酷睿的主板

C．支持 11 代酷睿的主板

  D．支持 12 代酷睿的主板

56．从图 3-17 中可知，其 CPU 插座类型为（　　　）。

  A．LGA 1151

  B．LGA 1200

  C．AM4

  D．LGA 1700

57．下列主板芯片组中有可能支持 DDR5 内存的是（　　　）。

  A．Z690

  B．X570

  C．X399

  D．X299

58．下列芯片组中支持 i9 系列处理器的是（　　　）。

  A．Z390

  B．X299

  C．X399

  D．X570

59．下列芯片组中支持 LGA1200 接口 CPU 的是（　　　）。

  A．100 系列芯片组和 200 系列芯片组

  B．300 系列芯片组和 400 系列芯片组

  C．400 系列芯片组和 500 系列芯片组

  D．500 系列芯片组和 600 系列芯片组

60．从图 3-18 的主板中不能确定的是（　　　）。

图 3-18　主板

A．该主板支持 AMD 的 CPU

B．该主板是技嘉主板

C．该主板采用的是 X370 芯片组

D．该主板的 USB 接口数量

61．下列（　　）支持 Intel CPU 的主板芯片组。

A．Z490　　B550

B．B460　　Z370

C．B450　　X299

D．B560　　X570

62．下列支持 AMD 锐龙处理器的芯片组是（　　）。

A．B550

B．B460

C．Z370

D．X299

63．发烧级的 i9 或线程撕裂者处理器之所以性能强劲，是因为有着多方面的优势，下列不正确的是（　　）。

A．有更多的核心线程数

B．有大容量的缓存

C．有更多直连 PCI-E 通道数

D．可以支持最多 8 通道的内存技术

64．由图 3-19 可知，该主板支持 PCI-E 5.0 规范，并且速度是 PCI-E 3.0 规范速度的（　　）。

图 3-19　主板

A. 2 倍

B. 4 倍

C. 8 倍

D. 16 倍

65. 图 3-20 为某款主板的宣传画，下列叙述错误的是（　　　）。

图 3-20　某款主板的宣传画

A. 该主板属于 Micro-ATX 板型

B. 该主板配合 11 代酷睿处理器使用

C. 该主板不能使用 5000MHz 以下的内存

D. 该主板适合搭载主流级的 CPU 使用

66.（　　　）不是现在市场上生产主板的主要厂家。

A. 华硕

B. 技嘉

C. 联想

D. 微星

67. 在选购主板时，下面的建议中（　　　）不适合。

A. 注意系统兼容性，主板要与购买的 CPU 型号搭配

B. 扩展性适量即可

C. 对于一般用户而言购买标准 ATX（大板）是首选

D. 内存的总带宽要满足 CPU 的数据吞吐量

68. 图 3-21 所示为某品牌主板，从图片中可以看出其品牌是（　　　）。

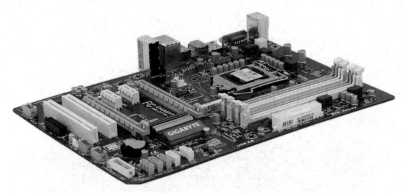

图 3-21　ATX 主板

A．微星

B．技嘉

C．华硕

D．七彩虹

## 二、判断题

1．BIOS 设置等同于 CMOS 设置。（　　）

2．主板按照结构可分为 AT 结构和 ATX 结构。（　　）

3．BIOS 用来控制主板的一些最基本的输入系统和输出系统。（　　）

4．现在主板上的扩展槽是 PCI 和 AGP 等。（　　）

5．主板与 CPU 的匹配实际上是主板的芯片和 CPU 之间的匹配。（　　）

6．现在的主板比过去的主板明显多了 M.2 固态硬盘接口。（　　）

7．主板是计算机所有部件连接的基础。（　　）

8．在选择主板时，要先确定主板所采用的芯片组，然后选择具体的品牌。（　　）

9．在传统意义的主板芯片组中，南桥芯片起主导性的作用，也称主桥。（　　）

10．计算机中使用的各类扩展槽是由芯片组来支持的。（　　）

11．主板性能的好坏与级别的高低主要由 CPU 来决定。（　　）

12．BIOS 芯片是一块可读/写的 RAM 芯片，由主板上的电池供电，关机后其中的信息也不会丢失。（　　）

13．主板是计算机系统的中枢系统，它起着连接和协调 CPU、内存、显卡、硬盘、各种 I/O 设备的纽带作用。（　　）

14．ATX 主板对于 AT 主板来说，存在布局不合理、走线混乱、不利于散热等缺点。

（　　）

15．Intel 的 CPU 与 AMD 的 CPU 的接口一直是不一样的。　　　　　　（　　）

16．目前市场上所有主板产品同时支持 SATA 3.0 和 M.2 两种类型的硬盘。　（　　）

17．SATA 接口类型是以并行数据传输方式进行数据传输的。　　　　　（　　）

18．USB 2.0 和 USB 3.0 的接口，由于它们的工作电流不同，因此用不同的颜色来区分，一般 USB 2.0 的接口是蓝色的。　　　　　　　　　　　　　（　　）

19．双通道内存技术可以解决内存带宽低于 CPU 总线带宽的问题。　　（　　）

20．UEFI 即"统一的可扩展固件接口"已经取代传统 BIOS "固件"。　（　　）

21．在选购主板时，还要考虑与 CPU、显卡等硬件设备的性能匹配问题。（　　）

22．如果主板上只有一个 PS/2 接口，则这个接口只能接 PS/2 接口的键盘。（　　）

23．主板有不同的尺寸和规格，所以其组成形式不一样。　　　　　　（　　）

24．CPU 的触点式接口不仅能够有效提升处理器的信号强度和处理器频率，也可以提高处理器生产的良品率，降低生产成本。　　　　　　　　　　　（　　）

25．消失的北桥芯片实际上是被强化后集成到 CPU 内部了。　　　　　（　　）

26．PCI-E3.0 数据带宽最高可达 16GB/s。　　　　　　　　　　　　（　　）

27．双通道内存技术能够使两条同等规格内存所提供的带宽增加 1 倍，数据存取速率也提高了 1 倍（实际）。　　　　　　　　　　　　　　　　　（　　）

28．CMOS 中存储如系统日期、时间、启动顺序、开机口令等信息。　（　　）

29．在计算机中，ROM 用来存放 BIOS 程序。　　　　　　　　　　　（　　）

30．芯片组是计算机系统的核心与灵魂。　　　　　　　　　　　　　（　　）

31．目前所有芯片组都支持 USB 3.0 接口。　　　　　　　　　　　　（　　）

32．作为入门级的芯片组，A520 主板不支持 DDR4 内存。　　　　　　（　　）

33．FSB 架构的主板上没有南桥芯片。　　　　　　　　　　　　　　（　　）

34．QPI 架构的主板上没有北桥芯片。　　　　　　　　　　　　　　（　　）

35．TR4 接口和 AM4 接口一样属于触点式。　　　　　　　　　　　　（　　）

36．支持 DDR4 内存的主板必须同时使用 4 条内存才能正常工作。　　（　　）

37．USB 3.1 规范的接口可以提供 100W 的电力输出。　　　　　　　　（　　）

38．中高档的主板支持双显卡。　　　　　　　　　　　　　　　　　（　　）

39．标准 ATX 主板的尺寸较大，为了安装方便，应尽可能使用 Micro ATX 主板。

（　　）

40．第 13 代酷睿处理器采用的接口是 LGA 1200。　　　　　　　　　（　　）

41．第 12 代酷睿处理器支持 DDR4 或 DDR5 内存。　　　　　　　　　（　　）

42．现在的打印机是连接到主板的 SATA 接口上的。 （　　）

43．主板上的 CPU-FAN 插座是给 CPU 供电的。 （　　）

44．中低端主板上的 CPU 辅助供电都是 8pin、12V 的规格。 （　　）

45．主板上写着 USB 的跳线是机箱前置 USB 接口故障时备用的接口。 （　　）

46．AMD 的 600 系列芯片组 X670 是高端产品，其不支持低端处理器。 （　　）

47．新一代主板产品中只有 Z690 和 Z790 才支持 4 通道内存技术。 （　　）

48．主板上不再有北桥芯片是因为各个主板厂商为了降低成本。 （　　）

49．TR4 芯片组的主板只能支持线程撕裂者处理器。 （　　）

50．相比 B550 芯片组，B560 芯片组的主板规格更高一些。 （　　）

51．X570 和 X670 都支持 Ryzen 7000 系列处理器。 （　　）

52．很多主板已经不再提供 PS/2 接口。 （　　）

53．ITX 主板是专为高端用户量身定制的。 （　　）

54．M.2 接口的 SSD 常见尺寸是 22 mm×80 mm。 （　　）

55．大容量 M.2 接口的 SSD 尺寸可能是 22 mm×110 mm。 （　　）

56．EATX 板型属于尺寸最大、扩展性最强、定位最高的主板类型。 （　　）

57．ITX 属于超迷你型主板，适合特殊用途。 （　　）

58．显卡插槽通常符合 PCI-E×16 规格，若某主板上有 2 个显卡插槽，那么它们肯定都符合 PCI-E×16 规格。 （　　）

59．CMOS 电池用来给 CMOS 存储器供电，一般可以正常使用 5 年以上。 （　　）

60．支持第 12 代酷睿处理器的 LGA 1700 插座是长方形的。 （　　）

61．人和计算机进行信息交换是通过输入/输出设备实现的。 （　　）

62．微型计算机的输入、输出设备通过输入、输出接口与 CPU 连接。 （　　）

# 第 4 章

# 内 存

 一、选择题

1. 计算机的存储容量一般用（　　）表示。

    A．位

    B．字

    C．字长

    D．字节

2．1 字节由（　　）位二进制信息组成。

    A．2

    B．4

    C．8

    D．16

3．计算机的外存比内存（　　）。

    A．存储容量大

    B．存取速度快

    C．贵

    D．能存储更多的信息

4．1KB 表示（　　）。

    A．1000 位

    B．1024 位

    C．1000 字节

    D．1024 字节

5．下列等式中正确的是（　　　）。

    A．1KB=1024×1024 B

    B．1MB=1024×1024 B

    C．1KB=1024 MB

    D．1MB=1024 B

6．下列等式中，正确的是（　　　）。

    A．1PB=1024TB

    B．1TB=1024PB

    C．1GB=1000KB

    D．1MB=1000GB

7．在计算机内部用来传输、存储、加工处理的数据或指令都是以（　　　）形式进行的。

    A．十进制数

    B．八进制数

    C．二进制数

    D．十六进制数

8．存储器中的1字节可以存放（　　　）。

    A．一个汉字

    B．一个英文字母

    C．一个全角数字

    D．一个小数

9．全角状态下，一个英文字母在屏幕上的宽度是（　　　）。

    A．1个ASCII字符

    B．2个ASCII字符

    C．3个ASCII字符

    D．4个ASCII字符

10．用户编写的程序能被计算机执行，在执行前必须将该程序装入（　　　）。

    A．内存

    B．硬盘

    C．软盘

    D．磁盘

11．计算机内存的每个基本单元都被赋予一个唯一的序号，此序号被称为（　　　）。

    A．容量

    B．地址

C．编号

D．字节

12．在微型计算机系统中，基本输入/输出模块 BIOS 存放在（　　　）中。

A．RAM

B．ROM

C．硬盘

D．CPU

13．存储内容在读出后并没有被破坏，这是（　　　）的特性。

A．磁盘

B．随机存储器

C．存储器共同

D．内存

14．在以下存储设备中，（　　　）存取速率最快。

A．硬盘

B．虚拟内存

C．内存

D．CPU 缓存

15．DDR3 1600 内存，双通道数据传输带宽为（　　　）MB/s。

A．12800

B．17000

C．21200

D．25600

16．算式"37+6=45"正确，该算式采用的进制是（　　　）。

A．十进制

B．八进制

C．二进制

D．十六进制

17．主板上的内存插槽一般是 DDR4，可以提供（　　　）位的位宽数据。

A．16

B．32

C．64

D．128

18．计算机存储系统可以分为（　　　）两部分。

A．半导体和磁性存储器

B．内部存储器和外部存储器

C．L1 Cache 和 L2 Cache

D．磁性存储器和光存储器

19．和外部存储器相比，内存的特点是（    ）。

A．容量小、速度快

B．容量小、速度慢

C．容量大、速度快

D．容量大、速度慢

20．计算机中的 DRAM 指的是（    ）。

A．静态随机存储器

B．动态随机存储器

C．只读存储器

D．高速缓冲存储器

21．二进制数 111010011 转换成十六进制数是（    ）。

A．323

B．1D3

C．133

D．3D1

22．与十进制数 56 等值的二进制数是（    ）。

A．111000

B．111001

C．101111

D．110110

23．在下列存储器中，访问速度最快的是（    ）。

A．光存储器

B．磁性存储器

C．动态存储器

D．静态存储器

24．主存（内存条）主要由（    ）半导体芯片组成。

A．ROM

B．PROM

C．DRAM

D．SRAM

25．下列有关存储器的读/写速度排序正确的是（　　　）。

A．RAM>Cache>磁盘

B．Cache>RAM>磁盘

C．Cache>磁盘>RAM

D．RAM>磁盘>Cache

26．存储器是用来存放（　　　）数据的主要部件。

A．十进制

B．二进制

C．八进制

D．十六进制

27．Cache 一般采用（　　　）半导体芯片。

A．ROM

B．PROM

C．DRAM

D．SRAM

28．位于 CPU 和主存储器 DRAM 之间的存储器 Cache 被称为（　　　）。

A．内存

B．高速缓存

C．外存

D．辅存

29．CPU 能够直接访问的存储器是（　　　）。

A．软盘

B．硬盘

C．RAM

D．CD-ROM

30．ROM 与 RAM 的主要区别是（　　　）。

A．断电后，ROM 内保存的信息会丢失，而 RAM 内的信息可长期保存，不会丢失

B．断电后，RAM 内保存的信息会丢失，而 ROM 内的信息可长期保存，不会丢失

C．ROM 是外存储器，RAM 是内存储器

D．ROM 是内存储器，RAM 是外存储器

31．下列关于内存叙述有误的是（　　　）。

A．内存也称内存储器或主存储器

B．内存是 CPU 与外存之间进行数据交换的通道和桥梁

C．内存的数据吞吐量不会影响 CPU 性能的发挥

D．内存中的数据是以二进制数据形式存在的

32．下列关于随机存储器的叙述错误的是（　　　）。

A．随机存储器分为静态随机存储器和动态随机存储器

B．随机存储器在断电时将丢失其存储内容

C．动态随机存储器用在 CPU 的内置一、二级缓存上

D．动态随机存储器在计算机系统中为主内存

33．下列对内存性能参数叙述错误的是（　　　）。

A．内存的性能参数是选配内存的关键

B．DDR 内存的位宽全部为 128 位

C．目前主流的计算机系统采用的内存容量单位以 GB 为主

D．目前主流的计算机内存的读取速率已经达到纳秒级

34．当代主流内存品牌有很多，下列（　　　）不是内存品牌。

A．威刚

B．希捷

C．金士顿

D．三星

35．动态随机存储器在计算机系统中是用来做主内存的，下列说法错误的是（　　　）。

A．动态随机存储器结构简单、集成度较高、成本低

B．动态随机存储器存取速率比静态随机存储器存取速率快

C．为了保证 DRAM 中的数据安全，必须在其因漏电丢失数据之前进行一次刷新

D．动态随机存储器因为要周期性地进行刷新操作，所以存取速率速度慢

36．SRAM 指的是（　　　）。

A．静态随机存储器

B．静态只读存储器

C．动态随机存储器

D．动态只读存储器

37．Cache 通常采用（　　　）。

A．SRAM

B．SDRAM

C．DDR SDRAM

D．DDR2 SDRAM

38．计算机内部采用（　　　）进制。

A．二

B．十

C．十六

D．八

39．下列（　　）一定是十六进制数。

A．10010.1B

B．10010.1

C．10010.1H

D．10010.1D

40．十六进制数 12AH 中，A 位上的权值是（　　）。

A．0

B．10

C．$16^0$

D．$10^0$

41．二进制数 1011B 转换成十进制数是（　　）。

A．10

B．11

C．12

D．13

42．十进制数 128 转换成二进制数是（　　）。

A．10000001

B．11111111

C．10000000

D．100000011

43．十六进制数 24A.DH 转换成二进制数是（　　）。

A．001101001010.1110B

B．10010010101101B

C．1001001010.1101B

D．1010001010.11B

44．十进制数 24.25 转换成二进制数是（　　）。

A．1100.01

B．11000.01

C．11110.11

D．11000.1

45．十六进制数 2BH 转换成十进制数是（　　）。

A．40

B．42

C．43

D．44

46．二进制数 10011.1B 转换成十六进制数是（　　　）。

A．10.8H

B．21.6H

C．13.8H

D．不确定

47．十进制数 100 转换成十六进制数是（　　　）。

A．44H

B．60H

C．64H

D．46H

48．图 4-1 中的内存条属于（　　　）线的内存。

图 4-1　内存

A．30

B．72

C．168

D．184

49．图 4-2 是一个内存条正面的左下角和右下角的特写，其中标在左下角的 1 和标在右下角的 120 表示（　　　）。

图 4-2　内存条局部

A．该内存条共有 120 个金手指

B．该内存条属于 120 线内存

C．没有实际意义

D．该内存条属于 240 线内存

50．DDR4 内存的金手指数量是（　　　）。

A．168

B．240

C．280

D．288

51．DDR4 内存的工作电压是（　　　）。

A．0.8V

B．1V

C．1.2V

D．1.3V

52．DDR4 内存的最低频率是（　　　）。

A．2133MHz

B．2400MHz

C．2800 MHz

D．3200MHz

53．有些内存条会发光，对其不正确的解释是（　　　）。

A．比较费电，不建议购买此类内存

B．光污染，并且没有实际意义，无须刻意追求

C．价格差距不大时可根据个人喜好购买

D．是商家讨好年轻用户的产物

54．有些内存条上有金属护甲，对其解释不正确的是（　　　）。

A．有利于散热

B．增加了一部分成本

C．价格稍微高一些

D．没有实际意义，不建议购买

## 二、判断题

1．只读存储器是专门用来读取数据的存储器，在每次加电开机前，必须由系统为其写

入内容。 （    ）

2．ROM 是只读存储器，其内容只能读出一次，下次就再也读不出来了。 （    ）

3．任何存储器都有记忆功能，其中的信息不会丢失。 （    ）

4．RAM 中的信息既能读又能写，断电后其中的信息不会丢失。 （    ）

5．ROM 中存储的信息断电即丢失。 （    ）

6．就存取速率而言，内存比硬盘快，硬盘比光盘快。 （    ）

7．静态 RAM 与 CPU 之间交换数据的速率高于动态 RAM 与 CPU 之间交换数据的速率，所以一般将静态 RAM 作为高速缓冲存储器。 （    ）

8．计算机操作过程中突然断电，RAM 储存的信息全部丢失，而 ROM 储存的信息不受影响。 （    ）

9．主存储器用于存储当前运行所需要的程序和数据，其特点是存取速率快，但与辅助存储器相比，其容量小、价格高。 （    ）

10．ROM 是一种随机存储器，可以分为静态存储器和动态存储器两种。 （    ）

11．可以向 RAM 写入临时数据，但这些数据在系统断电后会全部丢失。 （    ）

12．内存是影响计算机运行速度和稳定性的一个非常重要的因素。 （    ）

13．存储器的存取速率一般不会对计算机的运行速度造成影响。 （    ）

14．计算机只能处理 0 和 1 两个二进制数。 （    ）

15．一般所说的内存是指 ROM。 （    ）

16．内存的容量不大，但是存取速率很快。 （    ）

17．内存的数据吞吐量（带宽）会在很大程度上影响 CPU 性能的发挥。 （    ）

18．计算机系统中最小的存储单位是字节。 （    ）

19．在相同的工作频率下，DDR3 带宽是 DDR2 带宽的 2 倍，是 DDR 带宽的 4 倍。 （    ）

20．闪存在断电情况下仍能保存所存储的数据信息。 （    ）

21．静态随机存储器的优点是结构简单、集成度较高、成本低，能实现大容量存储。 （    ）

22．内存的位宽指内存与 CPU 交换数据时一次传输的二进制位数。 （    ）

23．内存的带宽公式：数据带宽=有效数据传输频率×位宽。 （    ）

24．选购内存时要考虑"瓶颈"问题。 （    ）

25．计算机中用于表示存储空间大小的最基本单位是位（bit）。 （    ）

26．计算机外部设备是除 CPU 以外的其他所有计算机设备。 （    ）

27．内存储器能永久保存数据。 （    ）

28．DDR5 内存已在酷睿 12 代和 13 代系统中得到应用。 （    ）

29．DDR 内存在一个时钟脉冲周期内传输两次数据。 　 　 　 　 （ 　 ）

30．Ryzen 7000 系列处理器全面支持 DDR5 内存。 　 　 　 　 （ 　 ）

31．内存工作电压是指内存正常工作所需的电压值，不同类型的内存电压相同。

　 　 　 　 　 　 　 　 　 　 　 　 　 　 　 　 　 　 　 　 　 　 （ 　 ）

32．DDR 是 Double Data Rate（双倍速率同步动态随机存储器）的缩写。 　 （ 　 ）

33．目前计算机系统采用的内存容量为 8MB、16MB，甚至达到了 32MB。 （ 　 ）

34．学习十六进制数是因为计算机内部工作都是十六进制的。 　 　 　 （ 　 ）

35．二进制数的基本数码是 2，其基数是 0 和 1。 　 　 　 　 　 　 （ 　 ）

36．位权与一个数码在数中所处的位置有关，而与该数码的大小无关。 　 （ 　 ）

37．在一个数中，相邻两位的位权值之比等于 10。 　 　 　 　 　 　 （ 　 ）

38．十进制数转换成 R 进制数时，整数部分采用"乘 R 取整"法，小数部分采用"除 R 取余"法。 　 　 　 　 　 　 　 　 　 　 　 　 　 　 　 　 　 　 （ 　 ）

# 第 5 章

# 外存储器

 一、选择题

1. 磁盘存储器的主要技术指标有多项，下列不属于硬盘指标的是（　　）。

   A．存储容量

   B．单碟容量

   C．转速

   D．带宽

2. 一般来说，计算机的外存储器比内存储器（　　）。

   A．容量大且速度快

   B．容量大但速度慢

   C．容量小且速度快

   D．容量小但速度慢

3. 计算机中访问速率最快的存储器是（　　）。

   A．光盘

   B．硬盘

   C．RAM

   D．Cache

4. 下列存储容量最大的存储设备是（　　）。

   A．Cache

   B．硬盘

   C．软盘

   D．内存

5．下列不是生产硬盘的著名厂商的是（　　　）。

    A．希捷

    B．日立

    C．技嘉

    D．西部数据

6．硬盘的数据传输速率是衡量硬盘性能的一个重要参数，是指计算机从硬盘中准确找到相应数据并传送到内存的速率，分为内部传输速率和外部传输速率，其内部传输是指（　　　）。

    A．硬盘的高速缓存到内存

    B．CPU 到 Cache

    C．内存到 CPU

    D．硬盘的磁头到硬盘的高速缓存

7．硬盘的平均寻道时间（通常以毫秒为单位）是指（　　　）。

    A．磁头从一个柱面移到另一个随机距离远的柱面所需的平均时间

    B．磁头从当前柱面移到所要读/写柱面的时间

    C．磁头从 0 柱面移到所要读/写柱面的时间

    D．磁头平均移动速度

8．下列哪一项不属于外存储器？（　　　）

    A．硬盘存储器

    B．U 盘存储器

    C．光盘存储器

    D．RAM 存储器

9．硬盘缓存的功能为（　　　）。

    A．提高硬盘容量

    B．提高传输效率

    C．缩短寻道时间

    D．减小数据错误率

10．目前，移动硬盘接口大多采用的是（　　　）。

    A．USB

    B．SATA

    C．IDE

    D．COM

11．硬盘中信息记录介质被称为（　　　）。

A．磁道

B．磁头

C．磁头臂

D．磁盘

12．计算机在向硬盘读/写数据时寻道是从（　　　）磁道开始的。

A．外道0

B．内道0

C．外道1

D．内道1

13．磁道可以进一步划分为扇区，每个扇区的最大容量是（　　　）字节。

A．512

B．2

C．8

D．32

14．硬盘工作时，下列哪项不会对硬盘造成影响？（　　　）

A．噪声

B．磁铁

C．振动

D．供电不稳

15．磁盘的磁道是（　　　）。

A．记录密度不同的同心圆

B．记录密度相同的同心圆

C．一条阿基米德螺线

D．两条阿基米德螺线

16．下列选项与硬盘容量无关的是（　　　）。

A．磁头数

B．柱面数

C．扇区数

D．交错因子

17．下列哪一项与磁盘的存取速率无关？（　　　）

A．转速

B．缓存区的大小

C．MTBF

D．平均寻道时间

18．磁盘记录数据利用（　　　）。

A．磁盘的凹洞

B．磁场变化

C．磁盘上的刻痕

D．光线的折射

19．当前市场上出售的机械硬盘的主要接口类型是（　　　）。

A．SATA

B．IDE

C．PCI

D．AGP

20．在选购机械硬盘时，下列哪一项不必考虑？（　　　）

A．容量

B．转速

C．缓存大小

D．外观

21．下列选项中，不是硬盘生产厂商的是（　　　）。

A．希捷

B．华硕

C．迈拓

D．西部数据

22．把硬盘上的数据传送到计算机内存中的操作称为（　　　）。

A．读盘

B．写盘

C．输出

D．存盘

23．市场上用于个人台式计算机的机械硬盘尺寸是（　　　）。

A．5.25 英寸

B．3.5 英寸

C．2.5 英寸

D．1.8 英寸

24．下列关于机械硬盘的描述中，错误的是（　　　）。

A．存储介质是由一个或多个金属碟片组成的

B．其中的数据在断电后不会丢失

C．用来保存用户需要的程序和数据

D．是一种速度快、容量大的内部存储设备

25．机械硬盘的内部结构比较复杂，由多个部件组成，下列哪一项不是硬盘的内部构件？（　　　）

　　A．主轴电动机

　　B．盘片

　　C．磁头

　　D．硬盘数据接口

26．SATA 接口硬盘已逐渐代替 IDE 接口硬盘，下列对两者的叙述错误的是（　　　）。

　　A．SATA 接口硬盘以连续串行的方式传送数据，IDE 接口硬盘以并行的方式传送数据

　　B．SATA 接口硬盘一次传输 1 位数据，IDE 接口硬盘一次传输 16 位数据，所以 IDE 接口硬盘的传输速率比 SATA 接口硬盘的传输速率快

　　C．SATA 接口硬盘支持热插拔

　　D．IDE 接口硬盘用 40 线或 80 线的排线连接到主板

27．下列关于硬盘的各项性能叙述中，错误的是（　　　）。

　　A．硬盘的容量是以 GB 和 TB 为单位的

　　B．目前主流硬盘的转速为 5400r/min

　　C．平均访问时间=平均寻道时间+平均等待时间

　　D．硬盘缓存是硬盘与外部总线交换数据的场所

28．图 5-1 中的硬盘属于（　　　）接口硬盘。

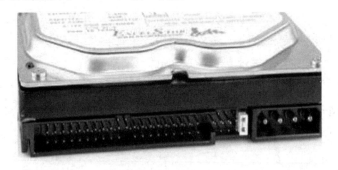

图 5-1　硬盘接口

　　A．USB

　　B．IDE

　　C．SATA

D．SCSI

29．图 5-2 中不包含的产品信息是（　　　）。

图 5-2　U 盘

A．品牌、型号

B．接口类型

C．容量

D．价格

30．图 5-3 为某品牌硬盘的标签信息，下列理解有误的是（　　　）。

图 5-3　硬盘标签

A．希捷硬盘

B．3 英寸的硬盘

C．缓存容量为 2GB

D．容量为 2TB

31．图 5-4 所示的设备为（　　　）。

图 5-4　外存设备

A．128GB 的移动硬盘

B．128GB 的固态硬盘

C．128GB 的笔记本电脑硬盘

D．128GB 的外置内存

32．图 5-5 为硬盘接口，下列描述不正确的是（　　　　）。

图 5-5　硬盘接口

A．左边是供电口，右边供传输数据使用

B．SATA 接口

C．多用于 3 英寸硬盘

D．是主流硬盘接口

33．下列关于硬盘的工作原理叙述有误的是（　　　　）。

A．在硬盘的盘片上划分出很多存储单元，是为了方便管理硬盘

B．盘片的磁道呈同心圆分布

C．沿直径方向划出多个扇区，每个扇区最多可存放 512B 数据

D．磁道编号从内向外编，最内道为 0 磁道

34．在使用移动设备时要注意操作方法，下列哪一项叙述是错误的？（　　　　）

A．对移动设备多分区，才能更好地进行文件管理

B．不要混用供电线缆

C．确保足够的供电

D．使用完之后应正常退出

35．某主板上有 2 个 IDE 接口，该主板上最多可以连接（　　　　）个 IDE 设备。

A．1

B．2

C．3

D．4

36．小型计算机系统的接口是（　　　　）。

A．ST506

B．IDE

C．SCSI

D．SATA

37．某硬盘容量为 2TB，单碟容量为 1000GB，那么它的磁头数是（　　　）。

A．1

B．2

C．3

D．4

38．下列与硬盘无关的术语是（　　　）。

A．QPI

B．NCQ 技术

C．MTBF

D．交错因子

39．下列对固态硬盘的描述有误的是（　　　）。

A．转速高

B．读写速率快

C．可以采用 SATA 接口

D．可以和机械硬盘搭配使用

40．下列对硬盘描述不正确的是（　　　）。

A．单碟容量越大越好

B．转速越快越好

C．盘片数量不宜过多

D．缓存越大越好

41．将移动硬盘插到 USB 接口时，系统没有反应的原因一定不是（　　　）。

A．数据线接反了

B．USB 接口松动造成接触不良

C．USB 接口供电不足

D．该移动硬盘可能出故障了

42．下列对移动硬盘的描述不正确的是（　　　）。

A．移动硬盘可能由于供电不足而不能被正确识别

B．移动硬盘不能被做成系统盘

C．通常情况下移动硬盘的容量比普通硬盘的容量小一些

D．容量相同时，移动硬盘比普通硬盘贵一些

43．下列不属于固态硬盘发展趋势的是（　　）。

    A．高速

    B．大容量

    C．低价格

    D．巨型化

44．下列关于固态硬盘的描述不正确的是（　　）。

    A．相比机械硬盘更抗震动

    B．用闪存做存储介质

    C．现阶段已取代机械硬盘

    D．体积比机械硬盘小

45．下列存储器中，读写速率最快的外部存储器是（　　）。

    A．USB 2.0 的 U 盘

    B．USB 3.0 的 U 盘

    C．USB 3.1 的 U 盘

    D．DDR4 内存

46．下列存储器的容量相同时，价格最低的是（　　）。

    A．U 盘

    B．硬盘

    C．移动硬盘

    D．内存

47．在复制数据时移动硬盘不慎掉落，最不可能出现的结果是（　　）。

    A．出现坏磁道

    B．重新投入使用时不能被 Windows 识别

    C．部分数据丢失

    D．无任何损伤和数据丢失

48．下列关于机械硬盘的描述有误的是（　　）。

    A．磁头技术是关键技术

    B．磁记录密度越高，磁盘容量越大

    C．磁盘盘腔内非常洁净

    D．磁盘盘腔是密闭的，空气也不能流通

49．市场上曾经有一种硬盘叫作混合硬盘，对其的认识不正确的是（　　）。

    A．由 U 盘和内存混合而得

    B．由机械硬盘和闪存混合而得

C．优点为读写速率与容量得到兼顾

D．价格比机械硬盘价格高一点，但是比同容量的固态硬盘价格便宜

50．下列存储器中没有机械构造的是（　　　）。

A．混合硬盘

B．硬盘

C．移动硬盘

D．固态硬盘

51．下列关于各类存储器的使用方式中，描述不正确的是（　　　）。

A．U 盘属于即插即用的设备，可随时插拔

B．开机状态下不能移动和磕碰机箱

C．移动硬盘拔下来之前要进行安全弹出操作

D．U 盘、移动硬盘在用完后要及时取下来

52．机械硬盘工作时磁头是悬浮状的，关于其悬浮高度的数据正确的是（　　　）。

A．0.1～0.3 厘米

B．0.1～0.3 毫米

C．0.1～0.3 微米

D．0.1～0.3 纳米

53．一般环境下，硬盘盘腔一旦打开就会报废，其原因是（　　　）。

A．空气中灰尘颗粒足以毁掉磁盘数据

B．磁头裸露在空气中会生锈影响读盘

C．硬盘里的永磁铁会消磁

D．空气湿度大会使硬盘盘片生锈，从而影响数据安全

54．个别 U 盘的使用寿命比较短，不属于造成此类现象的原因是（　　　）。

A．没有安全弹出就拔掉 U 盘

B．平时没有盖上 U 盘帽

C．便宜 U 盘使用的闪存芯片质量不好

D．使用时经常不小心掉落

55．下列关于硬盘缓存的描述不正确的是（　　　）。

A．可提高硬盘读写速率

B．容量通常是几十兆字节

C．容量不同，价格差异很大

D．现在所有的机械硬盘都有缓存

56．下列关于硬盘容量的描述不正确的是（　　　）。

A．混合硬盘容量和主流机械硬盘容量相差无几

B．机械硬盘容量已经进入 TB 时代

C．移动硬盘的容量比普通硬盘的容量小一点

D．固态硬盘的容量不比机械硬盘的容量小

57．机箱面板上除有一个灯常亮外，还有一个灯在不停地闪烁，下列选项中与此灯状态无关的是（      ）。

A．可能是在读取硬盘数据

B．可能在对硬盘进行写盘操作

C．硬盘可能出现了机械故障

D．硬盘可能在同时进行读和写操作

58．下列关于空气过滤片的描述正确的是（      ）。

A．用于隔绝硬盘内外空气

B．有效隔热

C．有效降噪

D．有效防尘

59．下列哪个是 NVME SSD？（      ）。

A．PCI-E SSD

B．SATA

C．HDD

D．内存

60．下列不属于固态硬盘接口类型的是（      ）。

A．SATA 型固态硬盘

B．SCSI 型固态硬盘

C．PCI-E 型固态硬盘

D．M.2 型固态硬盘

61．有 NVME 协议的固态硬盘的读写速率是无 NVME 协议的固态硬盘的读写速率的（      ）。

A．NVME 协议对读写速率没有影响

B．0.5 倍

C．1 倍

D．2 倍以上

62．（      ）是 Intel 推出的一种替代 mSATA 新的接口规范。

A．SAS

B．SATA

  C．NVME

  D．M.2

63．HDD、SSD 分别是指（    ）。

  A．机械硬盘、固态硬盘

  B．固态硬盘、机械硬盘

  C．机械硬盘、内存

  D．内存、固态硬盘

64．关于 SSD 的描述正确的是（    ）。

  A．比机械硬盘读写速率快

  B．SSD 之间的读写速率差异不大

  C．M.2 接口的读写速率比 SATA 接口的读写速率快

  D．和机械硬盘一样不抗震

65．根据图 5-6 测试得出的结果，下列选项不正确的是（    ）。

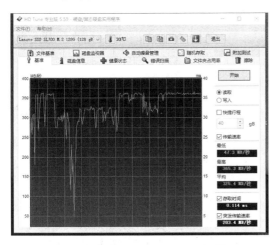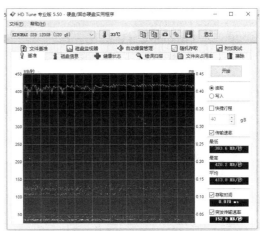

图 5-6 HD Tune 截图 1

  A．两个都是 120GB 固态硬盘

  B．右图的性能优于左图的性能

  C．肯定不是 NVME 规范的固态硬盘

  D．一定都是 SATA 接口的固态硬盘

66．结合图 5-6 和图 5-7，下列选项不正确的是（    ）。

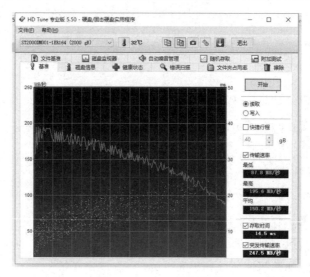

图 5-7　HD Tune 截图 2

A. 图 5-7 是一块 2TB 的机械硬盘

B. 机械硬盘的读取速率明显比固态硬盘的读取速率慢

C. 速率曲线起伏越大越好

D. 机械硬盘在持续读盘时速率持续下滑

67. 分析图 5-8，下列描述错误的一项是（　　　）。

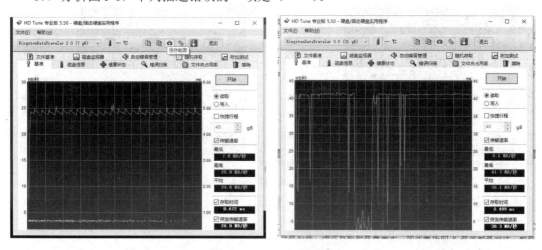

图 5-8　HD Tune 截图 3

A. 两个 U 盘的容量和接口都不一样

B. 两个 U 盘的实际表现和理论读取速率差距不大

C. USB 3.0 接口的读取速率的确比 USB 2.0 接口的读取速率快

D. U 盘的读取速率仍然比硬盘的读取速率慢很多

68. 由图 5-9 不能得知的信息是（　　　）。

图 5-9　固态硬盘

A．有 M.2 接口的主板都能使用图中的固态硬盘

B．读写速率比 SATA 接口的固态硬盘的读写速率快很多

C．是三星 512GB 固态硬盘

D．该硬盘是 NVME 规范的固态硬盘

69．下列叙述不正确的是（　　　）。

A．考虑性价比，很多用户选择固态和机械两块硬盘

B．为提高性能，固态硬盘也有缓存

C．NVME 规范的 SSD 价格比较高，所以部分用户选择 SATA 规范的 SSD

D．SATA 规范的 SSD 性能与 NVWE 规范的 SSD 的性能相差无几

## 二、判断题

1．通常，硬盘安装在主机箱内，属于主存储器。　　　　　　　　　　　（　　　）

2．当 U 盘正在进行读/写操作时，不能直接拔出 U 盘。　　　　　　　　（　　　）

3．硬盘上每个扇区中存放的信息量是相等的，但扇区的物理空间是不相等的。

　　　　　　　　　　　　　　　　　　　　　　　　　　　　　　　　　（　　　）

4．U 盘既可作为输入设备，又可作为输出设备。　　　　　　　　　　　（　　　）

5．拔出 U 盘之前，应先使用"拔下或弹出硬件"程序停止 U 盘工作，以防数据丢失
或 U 盘故障。　　　　　　　　　　　　　　　　　　　　　　　　　　　（　　　）

6．磁盘的读写速率比主存储器的读写速率慢。　　　　　　　　　　　　（　　　）

7．硬盘又称硬盘驱动器，是计算机中广泛使用的外部存储设备之一。　　（　　　）

8．硬盘中的数据在断电后就会丢失。　　　　　　　　　　　　　　　　（　　　）

9．主存储器比辅助存储器的读写速率快。　　　　　　　　　　　　　　（　　　）

10．相对于主机，硬盘既是输入设备，又是输出设备。　　　　　　　　（　　　）

11．包括操作系统在内的计算机的各种软件、程序、数据，都需要保存在硬盘中。
（　　）

12．目前在笔记本电脑中使用的机械硬盘为 2.5 英寸或 1.8 英寸。（　　）

13．在计算机里显示出来的硬盘容量，要比硬盘容量的标称值小，这是由单位转换不同造成的。（　　）

14．硬盘单碟容量提高的好处是平均访问时间缩短、内部结构简化、可靠性提高，但整体成本增加。（　　）

15．固态硬盘的主要性能指标有容量、接口类型、读写速率、闪存架构、尺寸大小、缓存大小、平均无故障时间等。（　　）

16．市场上用于个人计算机的是 5.25 英寸硬盘。（　　）

17．在个人计算机领域，硬盘的接口形式 SATA 与 M.2 占主导地位。（　　）

18．硬盘的转速越快越好。（　　）

19．平均访问时间包括硬盘的寻道时间和等待时间。（　　）

20．缓存只存在于硬盘设备当中。（　　）

21．硬盘容量是由磁头数、柱面数和扇区数三个参数决定的。（　　）

22．磁头是与硬盘的盘片相接触的，这样才能有效地读取数据。（　　）

23．硬盘驱动器由一个或多个硅片组成。（　　）

24．没有硬盘的计算机不能开机。（　　）

25．IDE 接口硬盘能带电插拔。（　　）

26．一般情况下，硬盘的磁头数和硬盘的盘片数一致。（　　）

27．硬盘是计算机中容量最大的存储器。（　　）

28．购买硬盘时主要参考的参数是容量、转速、接口、品牌等。（　　）

29．缓存是硬盘的重要参数之一，高档硬盘的缓存相对更大。（　　）

30．希捷（Seagate）硬盘是市场上的主流产品。（　　）

31．固态硬盘读写速率快是因为它的主轴转速提高了 2 倍。（　　）

32．机械硬盘单碟容量越大，其总容量就越大。（　　）

33．固态硬盘的容量大、速度快、价格低廉，所以完全可以替代传统的机械硬盘。
（　　）

34．固态硬盘虽然读写速率快，但是因为其容量小、价格贵，所以部分中高端用户会各买一块固态硬盘和一块机械硬盘，使其搭配使用，兼顾读写速率与容量、性能与价格的矛盾。（　　）

35．硬盘工作时磁头是高速旋转的，为使其正常工作，不让粉尘刮坏磁盘表面，厂家会将硬盘盘腔做成真空状态，并与外界隔离开来。（　　）

36．硬盘盘腔洁净度要求很高，所以用户需要定期打开硬盘盘盖，对磁盘盘片、磁头等部件进行彻底的清理，以保障硬盘数据安全。　　　　　　　　　　　　（　　）

37．硬盘出现坏道多半是在计算机运行过程中，由外在原因机箱震动或长期在电压不足的情况下使用计算机导致的。　　　　　　　　　　　　　　　　　　　（　　）

38．计算机系统中硬盘的故障率比 CPU 和内存等部件的故障率高一些，这是因为硬盘有着复杂的机械结构和高速旋转等特点。　　　　　　　　　　　　　　　　（　　）

39．现在硬盘的最高转速是 7200r/min。　　　　　　　　　　　　　　　　（　　）

40．描述硬盘转速的单位是 Mbit/s。　　　　　　　　　　　　　　　　　（　　）

41．硬盘在进行读写操作时，机箱面板上相应的灯会闪烁。　　　　　　　　（　　）

42．用户在复制文件的过程中发现机箱前面板上的硬盘指示灯并没有闪烁，这说明用户复制数据的操作被系统屏蔽了。　　　　　　　　　　　　　　　　　　（　　）

43．因为固态硬盘的读写速率快，所以被人们当作数据备份盘使用。　　　　（　　）

44．mSATA 接口是 IDE 接口演变（微型化）的产物。　　　　　　　　　　（　　）

45．PCI-E 接口的固态硬盘的数据通道和 SATA 接口的固态硬盘的数据通道不一样。　　　　　　　　　　　　　　　　　　　　　　　　　　　　　　　　　（　　）

46．M.2 接口的固态硬盘的读写速率一定比 SATA 接口的固态硬盘的读写速率快。　　　　　　　　　　　　　　　　　　　　　　　　　　　　　　　　　（　　）

47．大容量 M.2 接口的 SSD 尺寸可能比小容量的大一些。　　　　　　　　（　　）

# 第 6 章
# 光盘和光盘驱动器

 一、选择题

1. CD-ROM 是一种大容量的外部存储设备，其特点是（　　）。

   A．只能读不能写

   B．处理数据速度低于软盘的处理数据速度

   C．只能写不能读

   D．既能写又能读

2. 光盘的存储容量大，一张 CD-ROM 光盘的存储容量约为（　　）。

   A．150MB

   B．650MB

   C．20GB

   D．75GB

3. 光盘驱动器的性能指标不包括（　　）。

   A．数据传输速率

   B．访问时间

   C．缓存容量

   D．激光头的寿命

4. 我们经常听说的 40×光驱，指的是光驱的（　　）。

   A．平均速度

   B．最快速度

   C．缓存

   D．转速

5. 关于 DVD，下列描述不正确的是（　　）。

　　A．DVD 是数字多功能光盘的缩写

　　B．DVD 与 CD 采用几乎相同的技术

　　C．DVD 与 CD 有相同的容量

　　D．在 DVD 光驱中可以读取 CD 上的内容

6. 光盘驱动器的速度常用多少倍速来衡量，如 40 倍速的光驱表示成 40×。其中的×表示（　　），它是以最早的 CD 播放速度为基准的。

　　A．150KB/s

　　B．1.35MB/s

　　C．300KB/s

　　D．385KB/s

7. 下列对光盘结构的叙述中，哪一项不正确？（　　）

　　A．光盘比较光亮的一面是各功能性结构的载体，称为基板

　　B．一次性记录的光盘是对基板上涂的有机染料进行烧录，直接烧录成一个接一个的坑

　　C．可重复擦写的 CD-RW 可以在基板上进行反复烧录

　　D．光盘的反射层是用纯银金属制成的

8. 下列对各类光盘的叙述不正确的是（　　）。

　　A．CD 光盘最大存储容量是 670MB

　　B．DVD 光盘的存储容量约为 CD 光盘的存储容量的 7 倍

　　C．DVD 光盘和 VCD 光盘在读取时使用的技术不同

　　D．蓝光光盘是采用蓝色激光光束来进行读/写操作的

9. 下列对各型号光驱及其功能的叙述中，正确的一项是（　　）。

　　A．CD-R 光驱只能读取 CD 光盘数据

　　B．COMBO 光驱可以读和写 CD、DVD 光盘数据

　　C．DVD-ROM 光驱只能读取 DVD 光盘数据

　　D．CD-ROM 光驱只能读取 CD 光盘数据

10. 下列哪一组不是光驱的主要生产厂商？（　　）

　　A．华硕和明基

　　B．华硕和先锋

　　C．明基和先锋

　　D．AMD 和 Intel

11. 下对光驱的各项性能指标的叙述中，哪一项是错误的？（　　）

A．CD 光驱的基准速度是 150KB/s

B．光驱在读取光盘数据时，其速度是保持一致的

C．平均访问时间是指光驱的激光头从原来的位置移动到指定的数据区，并把该区上的第一块数据读入高速缓存所花费的时间

D．内置光驱采用的是 SATA 接口，外置光驱采用的是 USB 接口

12．关于光驱的读盘速度，下列说法正确的是（　　　）。

A．读光盘外圈数据时速度最快

B．读光盘内圈数据时速度最快

C．数据读取速度恒定

D．不一定

13．我们常用的 CD 光盘的厚度只有 1mm，与基板相邻的一层称为（　　　）。

A．记录层

B．印刷层

C．反射层

D．保护层

14．常用的 CD 光盘的反射层采用的材质是（　　　）。

A．纯金

B．纯银

C．纯铜

D．纯铁

15．最主流的光驱产品是（　　　）。

A．CD-ROM

B．CD 刻录机

C．COMBO

D．DVD-RW

## 二、判断题

1．CD-ROM 是一种可读写的外存储器。　　　　　　　　　　　　　　　　（　　　）

2．DVD 是一种输出设备。　　　　　　　　　　　　　　　　　　　　　　（　　　）

3．CD-ROM 既可作为输入设备，又可作为输出设备。　　　　　　　　　　（　　　）

4．光盘存储数据是以圆心点向外渐开的螺线方式存储的。　　　　　　　　（　　　）

5．DVD 光驱可以读取 CD-ROM 光盘的数据。　　　　　　　　　（　　）

6．蓝光（BD）光盘是存储大容量数据文件的主要介质。　　　　（　　）

7．CD-ROM 既可指 CD-ROM 光盘，也可指 CD-ROM 驱动器。　　（　　）

8．在选择光驱时要注意它的存取速度、数据传输速率、高速缓存及品牌。（　　）

9．光盘的基板是记录（存储）数据的地方。　　　　　　　　　　（　　）

10．COMBO 是 CD 刻录机和 DVD-ROM 的结合体。　　　　　　　（　　）

11．CD 光驱的单倍速度是 150MB/s。　　　　　　　　　　　　　（　　）

12．光驱在读取光盘上的数据时，越靠外圈的数据读取越快，越靠里圈的数据读取越慢。　　　　　　　　　　　　　　　　　　　　　　　　　　　（　　）

13．光盘磨损严重或有污渍时，不要将光盘放入光驱。　　　　　（　　）

14．光驱在运行时，可以将光盘取出。　　　　　　　　　　　　（　　）

15．蓝光光盘是用红色激光光束来进行读/写操作的。　　　　　（　　）

16．DVD 光驱的基准速度是 CD 光驱的基准速度的 9 倍，现在 DVD 光驱最快速度是 52 倍速。　　　　　　　　　　　　　　　　　　　　　　　　　（　　）

17．所有光盘一经烧录，就不能再进行修改。　　　　　　　　　（　　）

18．DVD（Digital Versatile Disc）是数字多功能光盘的简称。　　（　　）

# 第 7 章

# 显卡和显示器

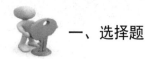 一、选择题

1. 显卡上用于存放显示数据的模块称为（　　）。

 A．显存

 B．显示芯片

 C．显卡 BIOS

 D．RAMDAC

2. 下列哪一项不是显卡的输出接口？（　　）

 A．HDMI 接口

 B．DVI 接口

 C．VGA 接口

 D．并行接口

3. 目前在新品显示器的接口中，淘汰的接口是（　　）。

 A．VGA 接口

 B．DisplayPort 接口

 C．HDMI 接口

 D．DVI 接口

4. 显卡用来处理绘图指令的部分是（　　）。

 A．显示 BIOS

 B．显示芯片

 C．RAMDAC

 D．显示内存

5．为了让人眼不容易察觉到 CRT 显示器刷新频率带来的闪烁感，最好将显卡刷新频率调到（　　）Hz 以上。

    A．60

    B．70

    C．85

    D．100

6．下列不属于按工作原理分类的显示器是（　　）。

    A．CRT 显示器

    B．等离子显示器

    C．平面直角显示器

    D．LCD

7．（　　）越低（小），图像闪烁和抖动得就越厉害，眼睛疲劳得就越快。

    A．显示器的尺寸

    B．亮度

    C．对比度

    D．刷新频率

8．下列不属于显卡输出接口的是（　　）。

    A．AGP

    B．DVI

    C．HDMI

    D．DisplayPort

9．判断液晶显示器显示运动画面时是否出现拖曳（残影）现象的指标是（　　）。

    A．分辨率

    B．刷新频率

    C．响应时间

    D．亮度

10．在显示指标中，"24 位色"的数字视频信号显示的最大颜色数是（　　）。

    A．16M

    B．256

    C．24M

    D．64K

11．LCD 指的是（　　）。

    A．阴极射线管显示器

B. 等离子显示器

C. 发光二极管显示器

D. 液晶显示器

12. 标明可视区域大小的参数称为显示器的（　　　）。

A. 可视面积

B. 亮度

C. 分辨率

D. 对比度

13. 显示器的（　　　）越小，显示的图像越清晰、细腻。

A. 扫描频率

B. 分辨率

C. 点距

D. 带宽

14. 一般来说，LCD 的可视角度（　　　）CRT 显示器的可视角度。

A. 等于

B. 大于

C. 小于

D. 不确定

15. 显示器上的任何信息都是由（　　　）构成的。

A. 像素

B. 点距

C. 点阵

D. 灰度

16. 与 LCD 相比，CRT 显示器的优点是（　　　）。

A. 体积大

B. 视角大

C. 功耗大

D. 抗震性好

17. 下列点距的显示器，图像显示最清晰的是（　　　）。

A. 0.24mm

B. 0.25mm

C. 0.26mm

D. 0.28mm

18．主流的显示芯片有（　　　）。

    A．B 卡和 N 卡

    B．A 卡和 N 卡

    C．A 卡和 M 卡

    D．B 卡和 M 卡

19．显卡的核心是（　　　）。

    A．显示芯片

    B．显存

    C．RAMDAC

    D．显卡 BIOS

20．（　　　）越高（大），显示图形的色彩越丰富。

    A．刷新频率

    B．分辨率

    C．色彩深度

    D．对比度

21．下列哪一项不是集成显卡的优点？（　　　）

    A．比较灵活

    B．兼容性好

    C．价格低廉

    D．功耗低

22．下列哪一项不能判断显存的性能？（　　　）

    A．显存容量

    B．显存新旧

    C．显存位宽

    D．显存速度

23．一台 21 英寸的 CRT 显示器，其实际可视区域尺寸是（　　　）。

    A．21 英寸

    B．22 英寸左右

    C．19 英寸左右

    D．17 英寸左右

24．LCD 的（　　　）可以反映显示器丰富的色阶和画面层次。

    A．亮度

    B．点距

    C．色彩度

D．对比度

25．下列 LCD 的相关参数值中，哪一项属于比较落后的参数值？（　　　）

    A．可视角度 170°

    B．响应时间 25ms

    C．对比度 1000∶1

    D．亮度 250cd/m$^2$

26．显示接口卡又称（　　　）。

    A．显示器

    B．显示适配器

    C．显示芯片

    D．图形处理芯片

27．显示芯片（图形处理器）的英文缩写是（　　　）。

    A．CPU

    B．GPU

    C．CPP

    D．GPP

28．LCD 的最佳分辨率是指显卡能在显示器上描绘点数的最大数量，通常以（　　　）表示。

    A．水平行点数×垂直列点数

    B．水平刷新频率×垂直刷新频率

    C．垂直行点数×水平列点数

    D．水平行点数×水平列点数

29．不能决定显卡性能的指标是（　　　）。

    A．GPU 的型号、规格

    B．显存位宽

    C．色彩深度

    D．显存频率

30．图 7-1 为某显卡的局部特写，图中 6 孔接口的作用是（　　　）。

图 7-1　显卡的局部特写

A．可用可不用

B．为显卡加速

C．为显卡供电

D．为显卡散热风扇供电

31．下列关于 LCD 的描述中，错误的一项是（　　　）。

A．要求刷新频率为 85Hz

B．支持多种分辨率

C．辐射很小

D．功耗小

32．显卡电气性能的稳定性取决于（　　　）。

A．显卡 BIOS

B．显示内存

C．显卡 PCB 板

D．显示芯片

33．图 7-2 中的华硕显卡采用的散热方式是（　　　）。

图 7-2　华硕显卡

A．水冷

B．风冷

C．热管

D．风冷结合热管

34．图 7-3 中不包括的显卡接口是（　　　）。

图 7-3　显卡接口

A．DP 接口

B．HDMI 接口

C．DMI 接口

D．VGA 接口

35．关于影响显卡性能的技术参数中，下面哪一项排序正确？（　　）

A．显存位宽＞显示芯片＞显存容量＞显存速度

B．显示芯片＞显存容量＞显存速度＞显存位宽

C．显示芯片＞显存位宽＞显存速度＞显存容量

D．显存速度＞显存容量＞显示芯片＞显存位宽

36．在运行 3D 游戏时，显卡输出的帧率达到多少时视为流畅？（　　）

A．最高 30 fps

B．最低 30 fps

C．平均 30 fps

D．不低于 18 fps

37．图 7-4 中 70000∶1 的意思是（　　）。

图 7-4　显示器局部特写

A．该显示器的亮度

B．该显示器的静态对比度

C．该显示器的动态对比度

D．可视角度

38．19 英寸宽屏液晶显示器不能实现的分辨率（像素×像素）是（　　）。

A．800×600

B．1440×900

C．1280×800

D．1680×1050

39．数字高清（1080P）指的是分辨率为 1920 像素×1080 像素的视频格式，下列哪一款产品能完美支持该格式视频的播放？（　　）

A．19 英寸方屏 LCD

B．19 英寸宽屏 LCD

C．22 英寸宽屏 LCD

D．24 英寸宽屏 LCD

40．下列显示接口中同时能传输音频、视频数据的一组是（　　）。

A．HDMI 接口　　　VGA

B．DVI 接口　　　　DisplayPort

C．VGA 接口　　　　HDMI

D．DisplayPort　　　HDMI

41．图 7-5 的 Die Size 栏中 392mm$^2$ 的意思是（　　）。

图 7-5　显卡参数截屏 1

A．显卡 GPU 的核心面积是 392 mm$^2$

B．显卡 GPU 芯片的面积是 392 mm$^2$

C．显卡的尺寸是 392 mm$^2$

D．显卡风扇的尺寸是 392 mm$^2$

42．图 7-5 中的显卡名称是 NVIDIA GeForce RTX 3070 Ti，下列叙述不正确的是（　　）。

A．是所谓的 N 卡

B．GPU 型号是 NVIDIA GeForce RTX 3070 Ti

C．显卡品牌是 NVIDIA

D．GPU 品牌是 NVIDIA

43．图 7-5 中和显存没有关系的数据是（　　　）。

A．8192 MB

B．GDDR6X（Micron）

C．1575 MHz

D．608.3 GB/s

44．图 7-6 中显卡的性能和图 7-5 中显卡的性能相比，没有最显著区别的是（　　　）。

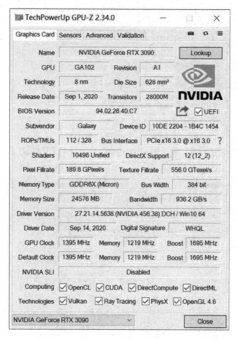

图 7-6　显卡参数截屏 2

A．显存容量

B．显存频率

C．显存带宽

D．显存位宽大幅度提高

45．任意两款显卡，不能说明性能优势的叙述是（　　　）。

A．GPU 频率

B．显存带宽

C．像素填充率

D．纹理填充率

46．从图 7-7 中不可以得出的结论是（　　　）。

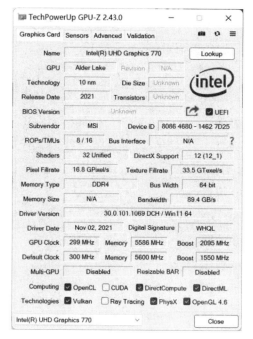

图 7-7　显卡参数截屏 3

　　A．是 Intel 的集成显卡产品

　　B．是 Intel 的第 11 代酷睿处理器的集成显卡

　　C．显卡的性能明显比独立显卡的性能差

　　D．没有专用的显存

47．不能体现独立显卡比集成显卡强的一项是（　　　）。

　　A．像素填充率数量

　　B．纹理填充率数量

　　C．制造工艺

　　D．流处理器数量

48．关于 TN 板的描述有误的是（　　　）。

　　A．是软屏

　　B．色彩度不如 IPS 屏

　　C．价格便宜

　　D．可视角度大

49．下列关于 LED 的相关描述不正确的是（　　　）。

　　A．比 LCD 更省电

　　B．比 LCD 的视角更大

　　C．和 LCD 的背光光源不一样

D．可以更薄

50．下列关于 VA 面板的描述有误的是（　　　）。

A．是硬屏

B．色彩度可以达到 24 位真彩色

C．适合中高档显示器

D．可视角度大

51．1080P 是指视频分辨率达到（　　　）。

A．720 像素×1080 像素

B．1920 像素×1080 像素

C．1280 像素×720 像素

D．1440 像素×900 像素

52．主流显示器的宽高比是（　　　）。

A．4∶3

B．5∶4

C．16∶9

D．21∶9

53．下列关于显示器的描述有误的是（　　　）。

A．主流的都是宽屏

B．色彩度可以达到 24 位真彩色

C．大屏幕显示器中有曲面屏

D．不同类型的面板之间差距不大

54．4K 电视中的"4K"指的是（　　　）。

A．显示分辨率可以达到 4000 像素点

B．屏幕上图像的分辨率是 4000 像素×2000 像素

C．分辨率比 1080P 大的都是 4K

D．分辨率是 3840 像素×2160 像素

55．下列对不同线数的视频的描述有误的是（　　　）。

A．线数越多，视频越占空间，尽量不要看

B．线数越多，画面越清晰、质量越高

C．更高的分辨率是未来趋势

D．播放高分辨率的视频需要更强劲的 CPU 和显卡的支持

56．某同学玩 3D 游戏时有明显的顿挫感（不太流畅），下列选项中和这种情况无关的一项是（　　　）。

A．CPU 的性能差

B．内存容量偏小

C．显卡性能差

D．硬盘容量小

57．某同学玩 3D 游戏时画面不太流畅，下列方法中不能改善的一项是（　　　）。

A．升级相应的硬件设备

B．降低游戏分辨率

C．在游戏中将画面质量降低 1 个或 2 个档次

D．关机并重新启动后会大大改善

58．主流显示器都属于宽屏显示器，其主要原因是（　　　）。

A．宽屏显示器成本更低

B．宽屏显示器更符合人眼的视觉特点

C．宽屏显示器的响应时间更短

D．宽屏显示器的亮度更高

59．用户为提升显示系统性能更换了显卡，结果发现显卡上没有 VGA 接口，无法连接显示器，那么应采取以下哪一种措施以最低成本解决问题？（　　　）

A．继续换一个显示器

B．换回旧显卡

C．再买一个高性能且和接口类型兼容的显卡

D．买一个相应的转接口

60．下列关于 HDMI 接口的描述不正确的是（　　　）。

A．是显示输出接口

B．可同时输出音频

C．暂时不支持 1080P 格式

D．可以连接对应的电视机

61．下列关于 DisplayPort 接口的描述不正确的是（　　　）。

A．是显示输出接口

B．最高支持 1080P 格式

C．能同时输出音频

D．是未来发展的主流

62．下列接口按发展历程（时间顺序）排列正确的是（　　　）。

A．VGA　　　　DVI　　　　HDMI　　　　DisplayPort

B．VGA　　　　HDMI　　　　DVI　　　　DisplayPort

C. DVI       VGA       HDMI       DisplayPort

D. DVI       HDMI       DisplayPort       VGA

63．某显卡厂商宣称其某款显卡显存频率为 6000MHz，下列叙述正确的是（　　）。

A．显存工作时的频率为 6000MHz

B．显存超频后其频率可以达到 6000MHz

C．只是宣传手段（不必理会）

D．是显存的等效（有效）频率

64．DirectX 是多媒体程序接口，下列相关描述正确的是（　　）。

A．操作系统中只能安装显卡支持的最高版本

B．如果显卡只支持 DirectX 11，那么在该显卡上不能运行基于 DirectX 12 编写的游戏

C．如果显卡只支持 DirectX 11，那么在该显卡上运行基于 DirectX 12 编写的游戏，应该关闭所有 3D 特效

D．如果显卡只支持 DirectX 11，那么在该显卡上运行基于 DirectX 12 编写的游戏，显卡的运行效率会降低，但是可以正常运行游戏

65．下列接口是模拟信号输出的是（　　）。

A．VGA

B．HDMI

C．DVI

D．DisplayPort

66．下列描述正确的是（　　）。

A．笔记本电脑由于外观尺寸的原因不可能做独立显卡

B．笔记本电脑由于散热条件不具备的原因不可能做独立显卡

C．笔记本电脑由于成本的原因不可能有独立显卡

D．笔记本电脑也可以有独立显卡

67．下列对图 7-8 的描述中，不正确的是（　　）。

图 7-8　显卡局部特写

A．是显卡供电插座

B．左边 6 芯的是显卡供电插座，右边 8 芯的是主板供电插座

C．必须同时使用才能保证供电充足

D．不是所有显卡都有 2 个供电插座

68．图 7-9 为某款显卡的 GPU-Z 截图，由图可判断该显卡属于（　　　）。

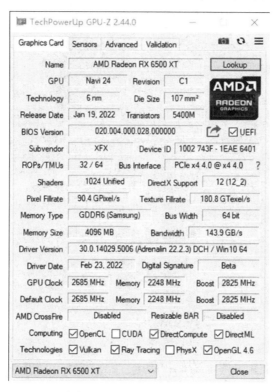

图 7-9　显卡的 GPU-Z 截图

A．高端独立显卡

B．入门级的独立显卡

C．主流级的独立显卡

D．集成显卡

69．图 7-9 中不完全影响显卡性能高低的一组指标是（　　　）。

A．工艺　　　　　　　　芯片尺寸　　　　　　集成度

B．渲染器　　　　　　　带宽　　　　　　　　总线宽度

C．带宽　　　　　　　　像素填充率　　　　　渲染器

D．纹理填充率　　　　　显存类型　　　　　　像素填充率

70．图 7-10 中不能说明 RTX 3090 性能比 RTX 3070 性能优的是（　　　）。

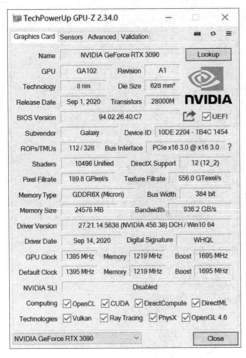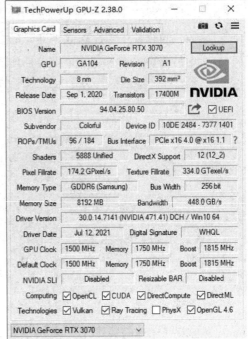

图 7-10　显卡性能对比

A．渲染器数量　　　　　纹理填充率

B．带宽　　　　　　　　显存类型

C．像素填充率　　　　　渲染器数量

D．GPU 时钟频率　　　　显存时钟频率

71．下列关于 OPEN GL 的描述中，正确的是（　　　）。

A．和 DirectX 一样是多媒体程序接口

B．是网络标准

C．是下一代显示接口标准

D．是新一代固态硬盘标准

72．下列关于 Fraps 的描述中，不正确的是（　　　）。

A．和 GPU-Z 一样是检测显卡规格指标的软件

B．可以在游戏过程中获取截屏

C．能在游戏过程中录像

D．可以实时显示游戏运行帧数

73．下列关于 3DMark 的描述中，不正确的是（　　　）。

A．有多种版本，测试时尽量用新版的

B．功能完备的版本需要购买注册码

C．测试环境（如分辨率）可以修改

D．是一款通过各种实际游戏过程了解显卡性能的软件

74．下列 GPU 中性能最优的是（　　　）。

　　A．RTX 2060

　　B．RTX 2060 Super

　　C．RTX 2070

　　D．RTX 2080

75．下列 GPU 中性能最优的是（　　　）。

　　A．RTX 3070 Ti

　　B．RTX 3070

　　C．RTX 3060

　　D．RTX 3050

76．下列 GPU 中性能最优的是（　　　）。

　　A．GTX 1660

　　B．RTX 2060

　　C．RTX 3060

　　D．RTX 4080（12GB）

77．下列哪一个宽高比是所谓的"带鱼屏"？（　　　）

　　A．5∶4

　　B．16∶10

　　C．16∶9

　　D．21∶9

## 二、判断题

1．显示内存用来存储显示芯片处理完毕的数据和所要处理的数据。　　（　　）

2．显示器的屏幕大小是以显示屏幕的长度来表示的。例如，19 英寸指的是显示器的长度为 19 英寸。　　（　　）

3．17 英寸 CRT 显示器中的"17 英寸"是指显像管的尺寸，而实际可视区域还不到这个数，其实 17 英寸显示器的可视区域为 15.5～16 英寸。　　（　　）

4．目前市场上显卡的主流产品是 AGP 接口方式的显卡。　　（　　）

5．PCI-E 总线只能用来连接显示卡。　　（　　）

6. 显示接口卡简称显示芯片。（　　）

7. 显卡主要由显示芯片（GPU）、显示内存、显卡 BIOS、显卡 PCB 板、数/模转换器等关键部件和一些电子元件、散热装置及各类接口组成。（　　）

8. 显示芯片即图形处理单元。（　　）

9. 显卡的核心是显示内存。（　　）

10. CRT 是液晶显示器的英文缩写，LCD 是阴极射线管显示器的英文缩写。（　　）

11. 显存的主要任务是处理系统输入的视频信息。（　　）

12. 显卡一般分为独立显卡和集成显卡。（　　）

13. 一般工作频率高的显卡采用的都是被动式散热。（　　）

14. GPU 所采用的核心技术是硬件几何转换和光照处理技术。（　　）

15. 只有 HDMI 接口才能进行高清信号传输。（　　）

16. 按工作原理分类，显示器分为阴极射线管显示器和液晶显示器。（　　）

17. 显示器的可视面积和可视角度都反映了显示器的屏幕尺寸。（　　）

18. 主流显卡的显存频率可达到 7000 MHz，甚至 10000 MHz。（　　）

19. 七彩虹战斧 RTX 3050 DUO-8G 属于 N 卡。（　　）

20. 曲面屏显示器的曲率越小，价格越贵。（　　）

21. 曲面屏显示器的曲率越小，视距越远。（　　）

22. LED 是独立于 LCD 的显示器种类。（　　）

23. 显存带宽和显存频率成正比。（　　）

24. 显存带宽和显存位宽成反比。（　　）

25. TN 面板的优点是价格相对便宜。（　　）

26. IPS 面板的显示器被人们称为硬屏显示器。（　　）

27. TN 面板的显示器色彩度不如 IPS 面板和 VA 面板的显示器色彩度。（　　）

28. GPU 的流处理器数量越多，其性能越强。（　　）

29. 现在显卡的显存位宽最低的是 64 位，但是其性能也能够充分满足绝大多数用户的使用需求，所以不用追求更大的位宽。（　　）

30. 像素填充率是显卡的重要指标，其值越小越好。（　　）

31. 曲面屏显示器没有小尺寸的。（　　）

32. VA 面板的显示器也属于硬屏显示器。（　　）

33. TN 面板的显示器是未来的发展趋势。（　　）

34. GDDR5 是目前显存的主流。（　　）

35. 集成显卡性能差的原因之一就是没有性能匹配的专用显存。（　　）

36. 图 7-11 中的显卡是 N 卡。（　　）

37．图 7-11 中显卡的显存位宽是 128 位。　　　　　　　　　　　　　（　　）

38．图 7-11 中显卡的显存的有效频率（等效）是 2000 MHz。　　　（　　）

39．图 7-11 中显卡的显存带宽是 256.0 GB/s。　　　　　　　　　　（　　）

40．图 7-11 中显卡的纹理填充率是 333.7GTexel/s，其值越小，性能越优。（　　）

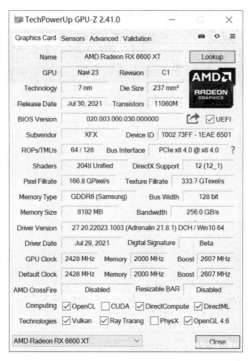

图 7-11　显卡参数截屏 4

41．GPU-Z 是一款测试显卡性能的软件。　　　　　　　　　　　　　（　　）

42．FRAPS 是一款集实时测帧、截屏、屏幕录像于一体的软件。　　（　　）

43．显卡的性能好坏可以通过 3DMark 系列软件测试。　　　　　　（　　）

44．为保证显卡的工作稳定性，显卡的 PCB 板通常采用多层设计，主流显卡的 PCB 层数多达 8 层或更多。　　　　　　　　　　　　　　　　　　　（　　）

45．越来越多的中高端显卡采用 GDDR6X 显存。　　　　　　　　　（　　）

46．高端显卡功率值普遍在 300W 左右。　　　　　　　　　　　　　（　　）

# 第 8 章

# 其他外部设备

 一、选择题

1. 计算机的外部设备实现（　　　）。
   A. 控制和运算功能
   B. 信息的输入、输出和文件保存功能
   C. 处理数据的功能
   D. 存储信息的功能

2. 涵盖输入设备、输出设备和存储设备的是（　　　）。
   A. 鼠标器、键盘、显示器
   B. 鼠标器、打印机、硬盘
   C. 键盘、打印机、CPU
   D. 键盘、鼠标、光盘

3. 将计算机外部信息传送到计算机主机中的设备称为（　　　）。
   A. 输入设备
   B. 输出设备
   C. 存储设备
   D. 传递设备

4. 目前主流的声卡是（　　　）。
   A. USB 接口的
   B. PCI-E×1 接口的
   C. 集成声卡
   D. 无线声卡

5. 声卡是多媒体计算机不可缺少的组成部分，是（　　　）。

    A．纸做的卡片

    B．塑料做的卡片

    C．一块专用电路板

    D．一种圆形唱片

6. 机箱大部分是（　　　）结构。

    A．AT

    B．ATX

    C．PCT

    D．ATS

7. 常用于制作音箱的材料是（　　　）的。

    A．木质

    B．塑料

    C．金属

    D．纸质

8. 在选购机箱时，除要考虑机箱的内部空间和生产工艺外，最重要的是考虑机箱的（　　　）。

    A．占地面积

    B．美观的样式

    C．钢板的强度

    D．尺寸

9. 输出设备除显示器、打印机外，还有（　　　）。

    A．键盘

    B．绘图仪

    C．数码相机

    D．扫描仪

10. 有源音箱的输入插头通常应接在声卡的（　　　）接口上。

    A．SPEAKER

    B．Line In

    C．Line Out

    D．Mic In

11. 最常用的电源是（　　　）。

    A．AT 电源

B．ATX 电源

C．BTX 电源

D．BT 电源

12．声卡中最重要的部件是（ ）。

A．输入/输出端口

B．总线连接端口

C．声音处理芯片

D．功率放大芯片

13．Line Out 代表（ ）。

A．扬声器输出端口

B．线性输出端口

C．线性输入端口

D．话筒输入端口

14．综合考虑打印机的各项性能指标，办公场所适合选用（ ）打印机。

A．喷墨式

B．针式

C．激光

D．点阵式

15．衡量打印机打印质量的一个重要指标是（ ）。

A．PPM

B．DPI

C．EPSON

D．PPI

16．我国电源的安全认证是（ ）认证。

A．SIO

B．3C

C．ISO

D．2C

17．下列是输入设备的是（ ）。

A．扫描仪

B．打印机

C．音箱

D．绘图仪

18．下列外部设备不属于输出设备的是（　　　）。

　　A．音箱

　　B．打印机

　　C．摄像头

　　D．显示器

19．通常所说的 24 针打印机属于（　　　）。

　　A．激光打印机

　　B．针式打印机

　　C．喷墨式打印机

　　D．热敏打印机

20．下列设备中，（　　　）是连接在 USB 接口上的。

　　A．显示器

　　B．打印机

　　C．键盘

　　D．音箱

21．声卡根据接口类型可分为板卡式、集成式和（　　　）。

　　A．内置式

　　B．外置式

　　C．独立式

　　D．板载式

22．下列关于 80PLUS 认证的叙述有误的是（　　　）。

　　A．金牌认证比铜牌认证好

　　B．国家不允许生产、销售白牌电源

　　C．是一项衡量能源利用率的指标

　　D．是推动绿色节能的体系

23．下列打印机中，打印文本时成本低、噪声小、速度快、质量好的是（　　　）。

　　A．激光打印机

　　B．针式打印机

　　C．喷墨式打印机

　　D．热敏打印机

24．不属于 ATX 电源输出电压的是（　　　）。

　　A．+5V 和-5V

　　B．+12V 和-12V

C．+3.3V

D．220V

25．ATX 12V 电源与主板接口插座为双排（　　　）。

A．20 针

B．12 针

C．18 针

D．24 针

26．台式机电源最新的规范是（　　　）。

A．ATX 12V 1.0

B．ATX 12V 2.31

C．ATX 12V 2.3

D．ATX 12V 2.0

27．下列关于微型计算机部件的说法正确的是（　　　）。

A．在液晶显示器背光类型中，LED 比 CCFL 更省电

B．集成显卡的性能一定比独立显卡的性能更优

C．任何类型的声卡都不支持 5.1 声道

D．网卡只能支持 100Mbit/s 的传输速率，不能支持 1000Mbit/s 的传输速率

28．下列关于台式机的说法正确的是（　　　）。

A．机箱是标准件，在任意机箱里能安装任意型号的主板

B．普通家用台式机的电源功率通常在 1kW 到 2kW 之间

C．台式机 ATX 电源的功率通常是指其峰值功率而非额定功率

D．目前 ATX 2.31 版电源输出接口有主板供电接口、CPU 专供电接口、显卡专供电接口、大 4pin D 型供电接口和 5pin SATA 设备供电接口等

29．喷墨打印机、激光打印机的打印速度以（　　　）为单位。

A．dpi

B．cpi

C．ppm

D．pps

30．支持背板走线的机箱有诸多优点，下列不正确的一项是（　　　）。

A．利于散热

B．不适合高端用户

C．需要搭配支持背板走线的电源

D．价格相对高

## 二、判断题

1．声卡也称为音频卡，是实现声波、数字信号间相互转换的一种硬件。　（　　）

2．声卡由声音处理芯片、功率放大器、总线接口、输入/输出接口等部分组成。

（　　）

3．Line Out 是扬声器输出接口，用于连接音箱、耳机等。　（　　）

4．计算机的外部设备向多样化、智能化、功能复杂化、高可靠性的方向发展。

（　　）

5．音箱主要由扬声器、箱体、分频器三部分组成。　（　　）

6．音箱的性能优劣主要由音箱的额定功率、信噪比和频响范围决定。　（　　）

7．机箱除对计算机配件起到承托和保护作用外，还有防电磁辐射的作用。　（　　）

8．激光打印机的打印成本最高。　（　　）

9．计算机所需电源功率主要由 CPU 和显卡的热功耗（TDP）值决定。　（　　）

10．判断机箱品质优劣最简单的方法是掂量一下机箱的重量，同体积的机箱越重越好。

（　　）

11．输出信噪比是指声音输出的信号与噪声电压的比值，用分贝（dB）表示，值越小越好。　（　　）

12．采样频率是指录音设备在一秒内对声音信号的采样次数，采样频率越高，声音的还原就越真实。　（　　）

13．声卡档次高低取决于声卡采用控制芯片的档次。　（　　）

14．AC97 并不是一种声卡的代名词，而是一种标准。　（　　）

15．计算机的实际用电需求主要考虑 CPU 和硬盘的用电量。　（　　）

16．相比铜牌电源和银牌电源，金牌电源的优点是比较省电。　（　　）

# 第 9 章

# 计算机硬件的组装

一、选择题

1. DIY 指的是（　　）。

    A. 主机品牌

    B. 自己组装

    C. 计算机外设

    D. 内存品牌

2. 安装 CPU 时涂抹硅胶的主要目的是（　　）。

    A. 加强牢固度

    B. 填补缝隙

    C. 提高散热效率

    D. 以上说法都正确

3. 机箱前面板上的 HDD LED 是指（　　）。

    A. 硬盘指示灯

    B. 重启开关

    C. 开机开关

    D. 光驱开关

4. 对一台计算机来说，（　　）的档次基本决定了整台计算机的档次。

    A. 内存

    B. 主机

    C. 主板

    D. CPU

5．现在主板上的内存插槽一般有 4 个，从靠近 CPU 的第一个插槽开始编号，分别为 1、2、3、4，如果插两条内存组成双通道，则优先插在（　　　）的插槽中。

    A．1 和 2

    B．2 和 3

    C．1 和 3

    D．2 和 4

6．CPU 风扇的电源接口应接至主板上的（　　　）插槽上。

    A．RESET

    B．CPU FAN

    C．POWER SW

    D．SPEAKER

7．在计算机组装过程中，下列描述不正确的是（　　　）。

    A．严禁带电操作，组装前要释放人体静电

    B．禁止用蛮力插拔显卡等配件

    C．测试异常时要立即关掉电源

    D．安装步骤是严格固定的，不得随意调整

8．下列说法正确的是（　　　）。

    A．安装内存条时必须将其安装到与 CPU 靠近的插槽

    B．静电会损坏计算机配件，组装前要释放人体静电

    C．同一个主板上可以同时使用两种不同类型的内存条

    D．只要将选购的计算机配件组装在一起，计算机就可以使用了

9．计算机组装完成后，应（　　　）。

    A．马上接通电源

    B．清理现场，检查电源线路的安全

    C．安装系统

    D．盖上计算机的外壳，打开电源

10．下列不是主板上扩展插槽的是（　　　）。

    A．PCI

    B．PCI-E×16

    C．VGA

    D．PCI-E×1

11．主板的核心部件是（　　　）。

    A．扩展槽

B．BIOS

    C．芯片组

    D．I/O 接口

12．组装好一台计算机后，开机时显示器无显示，下列故障原因描述不正确的是（　　）。

    A．显示器故障

    B．内存条故障或与主板接触不良

    C．显卡故障或与主板接触不良

    D．硬盘故障

13．图 9-1 是显卡和显示器的接口，应使用什么类型的数据线来连接显卡和显示器呢？（　　）

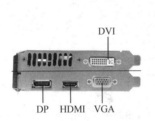
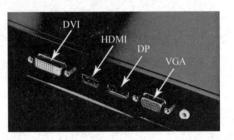

图 9-1　显卡和显示器的接口

    A．HDMI

    B．VGA

    C．DVI

    D．DP

14．在装机过程中，下列部件常规的安装顺序是（　　）。

| | | | |
|---|---|---|---|
| A．主板 | 显卡 | 固态硬盘 | 内存 |
| B．显卡 | 主板 | 固态硬盘 | 内存 |
| C．固态硬盘 | 内存 | 主板 | 显卡 |
| D．内存 | 固态硬盘 | 显卡 | 主板 |

## 二、判断题

1．安装 CPU 时不存在方向问题，任意方向放入即可。　　　　　　　　（　　）

2．拧紧螺钉时不可盲目用力，拧紧后应往反方向拧半圈。　　　　　　（　　）

3．插入内存条时，一定要用力向下压并左右摇晃，确保接触良好。　　（　　）

4．主板是计算机所有部件连接的基础。 　　　　　　　　　　　　　　　　（　　）

5．一般先把主板安装到机箱内，再安装 CPU。 　　　　　　　　　　　　（　　）

6．安装电源可以选择在安装 CPU 之前进行，没有严格的先后顺序。 　　（　　）

7．不注意释放静电有可能导致芯片损坏。 　　　　　　　　　　　　　　（　　）

8．安装完 CPU，涂抹一层硅脂是为了固定 CPU 风扇和散热片。 　　　　（　　）

9．计算机组装完成后，通电之前应全面检查线路连接情况、板卡的安装质量等。

　　　　　　　　　　　　　　　　　　　　　　　　　　　　　　　　（　　）

10．安装 CPU 风扇时，将 CPU 风扇的垫板对准主板上的固定孔压下，拧紧螺钉，拧螺钉时按顺时针方向逐渐拧紧，使 CPU 表面受力均匀。 　　　　　　　　（　　）

11．安装内存条时，将内存条金手指一侧的凹口对准插槽内凸起的部分，用双手拇指垂直压入，此时左右两侧的卡扣会自动卡住内存条。 　　　　　　　　　　（　　）

12．POWER SW 表示计算机电源指示灯。 　　　　　　　　　　　　　　（　　）

# 第 10 章

# BIOS 与 UEFI

 一、选择题

1. 对 CMOS 的中文解释正确的是（　　）。

   A. 基本输入/输出系统

   B. 摄像头的感光元件

   C. 互补金属氧化物半导体

   D. 射频集成电路

2. 不保存在 CMOS 中的内容是（　　）。

   A. 操作系统

   B. 系统日期和时间

   C. 显卡类型

   D. 当前系统的硬件配置和用户设置

3. 下列不需要运行 BIOS 程序进行设置的情况是（　　）。

   A. 重新安装操作系统

   B. 新增设备

   C. 更换 CMOS 电池

   D. 系统中新安装了应用软件

4. 修改系统时间和日期需要选择图 10-1 中的哪个选项？（　　）

   A. Advanced BIOS Features

   B. Advanced Chipset Features

   C. PnP/PCI Configurations

   D. Standard CMOS Features

```
          Phoenix - AwardBIOS CMOS Setup Utility
┌─────────────────────────────────┬──────────────────────────────────┐
│  ▶ Product Information           │  ▶ PC Health Status              │
│                                  │                                  │
│  ▶ Standard CMOS Features        │  ▶ Frequency/Voltage Control     │
│                                  │                                  │
│  ▶ Advanced BIOS Features        │    Load Optimized Defaults       │
│                                  │                                  │
│  ▶ Advanced Chipset Features     │    Set Supervisor Password       │
│                                  │                                  │
│  ▶ Integrated Peripherals        │    Set User Password             │
│                                  │                                  │
│  ▶ Power Management Setup        │    Save & Exit Setup             │
│                                  │                                  │
│  ▶ PnP/PCI Configurations        │    Exit Without Saving           │
│                                  │                                  │
├──────────────────────────────────────────────────────────────────┤
│ Esc : Quit                       ↑ ↓ → ←   : Select Item           │
│ F10 : Save & Exit Setup                                            │
├──────────────────────────────────────────────────────────────────┤
│                 Virus Protection, Boot Sequence...                 │
└────────────────────────────────────────────────────────────────────┘
```

图 10-1　BIOS 主菜单

5. 查看 CPU 温度需要选择图 10-1 中的哪个选项？（　　　）

　　A．PnP/PCI Configurations

　　B．Advanced Chipset Features

　　C．PC Health Status

　　D．Frequency/Voltage Control

6. 下列哪项不是常见的 BIOS 品牌？（　　　）

　　A．AMI

　　B．MSI

　　C．Award

　　D．Phoenix

7. 下列哪种方式不是常见的进入 BIOS 的方式？（　　　）

　　A．按 Shift+Tab 组合键

　　B．按 Ctrl+Alt+Esc 组合键

　　C．按 Delete 键

　　D．按 F2 键

8. 接通计算机电源后，计算机自动搜索计算机中硬件设备的状态，这个步骤称为
（　　　）。

　　A．系统重设

　　B．扫描病毒

　　C．系统监控

　　D．POST 自检

9. 图 10-2 中的 IDE Channel 1 Master 的含义是（　　　）。

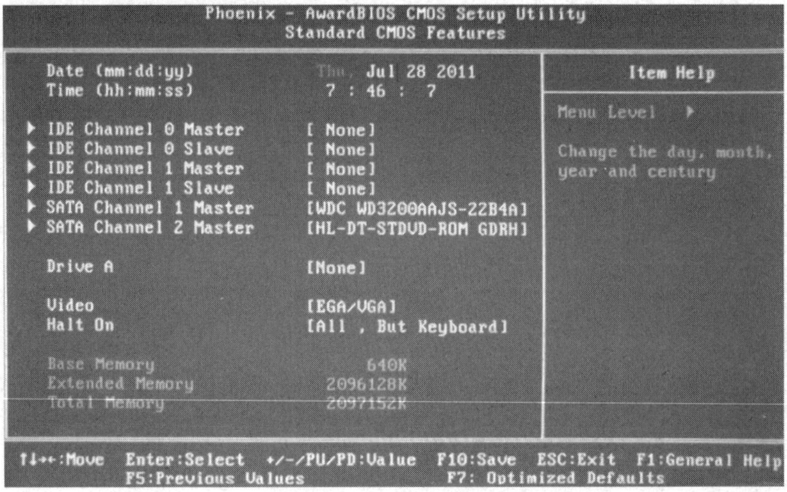


图 10-2　BIOS 界面

A．IDE1 口主盘

B．IDE1 口从盘

C．IDE2 口主盘

D．IDE2 口从盘

10．要设置 CPU 频率，需要选择图 10-3 中的哪个选项？（　　）

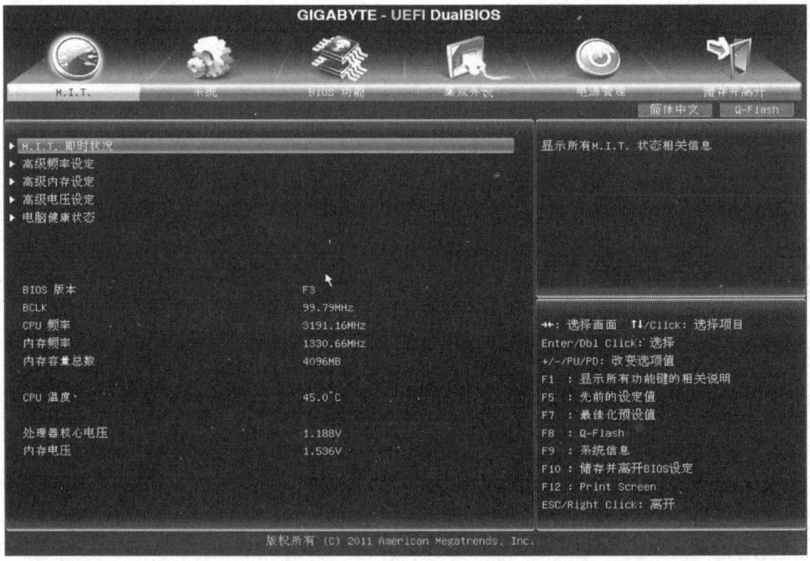


图 10-3　UEFI 主界面

A．高级频率设定

B．高级内存设定

C．高级电压设定

D．电脑健康状态

11．要设定内存参数，需要选择图 10-3 中的哪个选项？（　　　）

A．电脑健康状态

B．高级电压设定

C．高级内存设定

D．高级频率设定

12．要设定 CPU 报警温度，需要选择图 10-3 中的哪个选项？（　　　）

A．高级电压设定

B．电脑健康状态

C．高级内存设定

D．高级频率设定

13．在图 10-3 中选择（　　　）选项卡可更改系统日期、时间。

A．系统

B．BIOS 功能

C．集成外设

D．电源管理

14．要想实现接通计算机电源后，用户输入密码才能使用计算机，需要在图 10-4 中进行什么设置？（　　　）

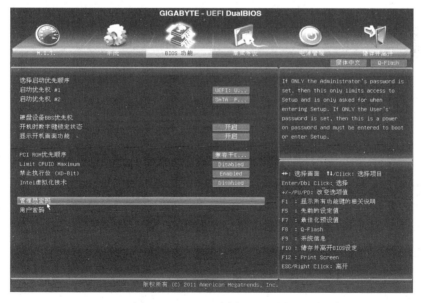

图 10-4　"BIOS 功能"选项卡

A．只设置用户密码

B．只设置管理员密码

C. 设置管理员密码和用户密码

D. 不设置管理员密码和用户密码

15. 用户在设置第一启动项时，应选择图 10-5 中的（      ）选项。

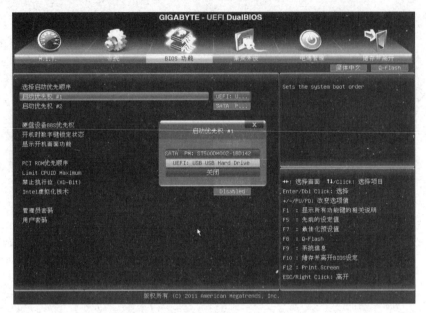

图 10-5　设置启动项

A. 硬盘设备 BBS 优先权

B. 启动优先权 #2

C. 启动优先权 #1

D. PCI ROM 优先顺序

16. 接通计算机电源后，出现如图 10-6 所示的提示画面，此时要使用 BIOS 对 CMOS 参数进行设置，应按（      ）键。

图 10-6　提示画面

A. Ctrl

B. Shift

C. F12

D．Delete

17．计算机开机自检是在（　　　）里完成的。

A．CPU

B．内存

C．BIOS

D．CMOS

18．在如图 10-7 所示的启动界面中，如果想进入 UEFI 设置界面，应立刻按（　　　）键。

图 10-7　启动界面

A．F1

B．Ctrl

C．Delete

D．F12

19．要想更改硬盘模式为 AHCI 模式，应在图 10-8 中选择什么选项？（　　　）

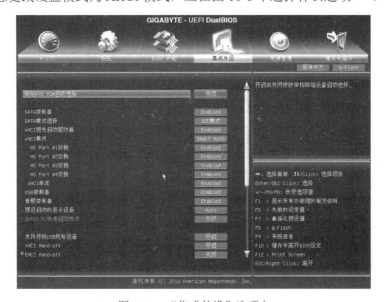

图 10-8　"集成外设"选项卡

A．SATA 模式选择

B．SATA 控制器

C．xHCI 预先启动驱动器

D．xHCI 模式

20．需要关闭音频设备自动侦测时，应在图 10-8 中选择什么选项？（　　　）

A．SATA 控制器

B．USB 控制器

C．音频控制器

D．预设启动的显示设备

21．要设置 USB 3.0 设备选项，应在图 10-8 中选择什么选项？（　　　）。

A．SATA 模式选择

B．USB 控制器

C．xHCI 模式

D．预设启动的显示设备

22．使用内置光盘引导系统时需要做何种设置？（　　　）

A．将 Boot Other Device 设置成 USB-CDROM

B．将 First Boot Device 设置成 CDROM

C．将 First Boot Device 设置成 USB-CDROM

D．将 Boot Other Device 设置成 CDROM

23．载入 UEFI 出厂设定值，应在图 10-9 中选择什么选项？（　　　）

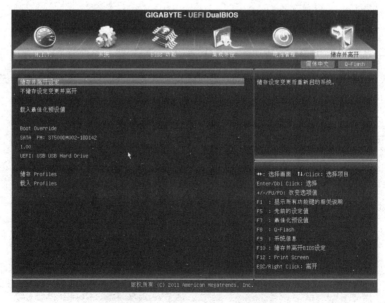

图 10-9　"储存并离开"选项卡

A．储存 Profiles

  B．不储存设定变更并离开

  C．载入最佳化预设值

  D．载入 Profiles

24．为了省去重新设定 UEFI 的麻烦，可将现在的设定保存，应在图 10-9 中选择什么选项？（　　）

  A．储存并离开设定

  B．载入最佳化预设值

  C．载入 Profiles

  D．储存 Profiles

25．Exit Without Saving 的含义是（　　）。

  A．保存且退出

  B．不保存且退出

  C．保存但不退出

  D．不保存也不退出

26．设置电源键动作，应在图 10-10 中选择什么选项？（　　）

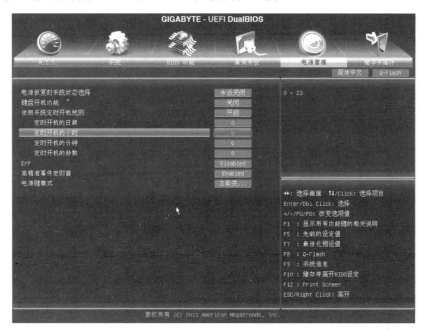

图 10-10　"电源管理"选项卡

  A．电源键模式

  B．电源恢复时系统状态选择

  C．ErP

D．键盘开机功能

27．关于主板 BIOS 的作用，下列说法不正确的是（　　）。

A．BIOS 是系统软、硬件间的接口

B．BIOS 是 Basic Input Output System 的英文缩写

C．BIOS 可对硬件进行检测

D．BIOS 可对软件进行检测

28．下列各项中，哪项不是主板 BIOS 的功能？（　　）

A．POST 上电自检

B．对文件的高级操作

C．系统设置

D．BIOS 启动自检程序

29．下列选项不是 UEFI 优点的是（　　）。

A．支持鼠标操作

B．寻址空间大

C．兼容性好

D．可延长售后时间

30．下列关于 UEFI 的说法中，有误的一项是（　　）。

A．UEFI 和 BIOS 一样，需要将程序存储在闪存芯片中

B．企业可在 UEFI 的基础上进行二次开发

C．UEFI 的兼容性比 BIOS 差

D．UEFI 在安全性和稳定性上仍有待加强

31．下列选项不是传统 BIOS 缺点的是（　　）。

A．功能单一

B．界面落后

C．安全性强

D．更新复杂

32．下列不能在 UEFI 中设置的是（　　）。

A．硬盘参数

B．开机密码

C．屏幕保护程序

D．系统时间

33．一台计算机的 BIOS 显示信息如图 10-11 所示，该计算机的 CPU 类型是英特尔酷睿（　　）。

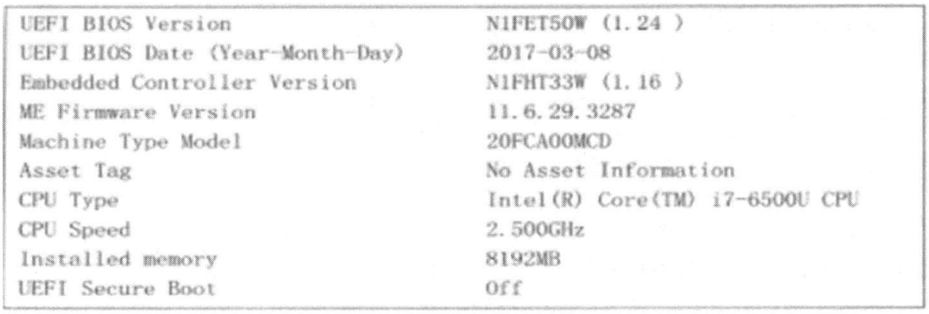

```
UEFI BIOS Version                N1FET50W (1.24 )
UEFI BIOS Date (Year-Month-Day)  2017-03-08
Embedded Controller Version      N1FHT33W (1.16 )
ME Firmware Version              11.6.29.3287
Machine Type Model              20FCA00MCD
Asset Tag                       No Asset Information
CPU Type                        Intel(R) Core(TM) i7-6500U CPU
CPU Speed                       2.500GHz
Installed memory                8192MB
UEFI Secure Boot                Off
```

图 10-11　BIOS 显示信息

    A. i3

    B. i5

    C. i7

    D. i9

34. 一台计算机的 BIOS 显示信息如图 10-11 所示,该计算机 CPU 的时钟频率是(　　　)。

    A. 2.0GHz

    B. 2.5GHz

    C. 3.5GHz

    D. 4.0GHz

35. 一台计算机的 BIOS 显示信息如图 10-11 所示,该计算机的内存大小是 (　　　)。

    A. 4GB

    B. 6GB

    C. 8GB

    D. 16GB

36. 进入 Phoenix BIOS 设置程序, 按 (　　　) 键。

    A. Delete

    B. F1

    C. F10

    D. Esc

37. 下列关于 BIOS 的说法错误的是 (　　　)。

    A. BIOS 是固化在计算机 ROM 中的指令

    B. BIOS 的作用包括引导系统装载

    C. BIOS 被称为基本输入输出系统

    D. BIOS 一旦写入,永远不可修改

38. BIOS 通常存储在 (　　　) 中。

A．RAM

B．软盘

C．ROM

D．硬盘

39．储存设定值并离开 BIOS 设置界面可以按（　　　）键。

A．F5

B．F6

C．F10

D．F12

40．计算机中用得最多的 BIOS 是（　　　）。

A．AMI

B．Intel

C．lenovo

D．Phoenix-Award

41．在 BIOS 中，将 USB Controller 设置为 Disabled，其作用是（　　　）。

A．所有 USB 接口都能用

B．USB 接口鼠标不能用

C．所有 USB 接口都不能用

D．USB 接口键盘不能用

42．固态硬盘做系统盘时，BIOS 中的 SATA Mode 应设置为（　　　）。

A．IDE

B．RAID

C．SATA

D．AHCI

43．用 U 盘启动盘制作工具将 U 盘制作成启动盘，最常用的 U 盘模式是（　　　）。

A．USB-ZIP

B．USB-HDD

C．USB-CDROM

D．USB-FDD

44．AWARD BIOS 自检时不断地响（长声），可能出现的问题是（　　　）。

A．常规错误

B．主板出错

C．电源问题

D．内存条未插紧或损坏

45．关于电源键模式设置，下列说法不正确的是（　　　）。

　　A．"立即关闭系统"指按一下电源按钮即可立即关闭系统

　　B．"延迟四秒"指按住电源键 4 秒后才会关闭电源

　　C．"延迟四秒"指若按住电源键少于 4 秒，系统就会进入休眠模式

　　D．"延迟四秒"指按住电源键 4 秒后才会进入休眠模式

46．下列对 UEFI 的叙述错误的是（　　　）。

　　A．UEFI 是一种可扩展的固件接口，旨在提高软件互操作性和解决 BIOS 的局限性

　　B．UEFI 支持超过 2.2TB 的硬盘，支持 MBR 结构和 GPT 结构的磁盘分区

　　C．UEFI 方式没有自检过程，缩短了开机时间，通过保护预启动或预引导进程提高安全性

　　D．UEFI 支持 64 位系统，系统在启动过程中可以对超过 172 亿吉字节的内存进行寻址

47．设置只从 UEFI 启动的选项为（　　　）。

　　A．Auto

　　B．Legacy only

　　C．UEFI only

　　D．BIOS

48．UEFI 是统一扩展固件接口的英文缩写，其特点描述不正确的是（　　　）。

　　A．图像界面支持鼠标操作

　　B．用 C 语言编写，功能模块化，可扩展性好

　　C．增强了 CPU 寻址功能

　　D．运行于 16 位模式，达到处理器最大寻址

### 二、判断题

1．BIOS 和 CMOS 是同一个概念。　　　　　　　　　　　　　　　　（　　　）

2．在 BIOS 中设置的密码不区分大小写。　　　　　　　　　　　　　（　　　）

3．芯片不同的主板，BIOS 不能互换使用。　　　　　　　　　　　　（　　　）

4．系统日期只能在 BIOS 中设置。　　　　　　　　　　　　　　　　（　　　）

5．BIOS 是硬件与软件之间的桥梁。　　　　　　　　　　　　　　　　（　　　）

6．CMOS 是一块可读/写的 RAM 芯片，由主板上的电池供电，关机后其中的信息也不会丢失。 （　　）

7．计算机都有 BIOS。 （　　）

8．Insyde BIOS 是主流的 BIOS。 （　　）

9．Integrated Peripherals 是计算机健康状态选项。 （　　）

10．BIOS 支持鼠标操作。 （　　）

11．在 BIOS 中，不能设置用户密码。 （　　）

12．在 BIOS 中，按 F2 键可载入最安全的设定值。 （　　）

13．UEFI 的英文全称是 Unicode Extensible Firmware Interface。 （　　）

14．新型的 UEFI 技术可支持鼠标操作。 （　　）

15．CMOS 芯片的容量只能是 256KB。 （　　）

16．计算机的性能只取决于 BIOS 的功能。 （　　）

17．在 Phoenix-Award BIOS 中按 F2 键可获得当前项目的帮助信息。 （　　）

18．2000 年，AMD 公司推出了一种全新的 EFI 标准，用来取代传统的 BIOS。

（　　）

19．在 "Standard CMOS Setup" 选项窗口中，"IDE Channel 0 Master" 选项对应的信息显示为 "None"，表示没有连接硬盘。 （　　）

20．UEFI 比 BIOS 少了系统自检过程，缩短了系统启动时间。 （　　）

21．UEFI 可支持 2.2TB 容量以上的硬盘。 （　　）

22．现在，UEFI 取代了 BIOS 成为市场的主流。 （　　）

23．开机密码可以在 BIOS 里面设置，也可以在 Windows 控制面板里面设置。

（　　）

24．在通过了 BIOS 自检后，BIOS 会将引导权交给操作系统。 （　　）

25．UEFI 又称统一的可扩展固件接口，用于自动从预启动的操作环境加载到一种操作系统上。Windows 7 的 32 位系统也支持 UEFI 引导。 （　　）

# 第 11 章

# 硬盘分区及格式化

 一、选择题

1. 在安装操作系统之前必须（　　　）。

   A．打开外设

   B．分区、格式化硬盘

   C．清理磁盘

   D．升级 BIOS

2. 下列不是硬盘分区的是（　　　）。

   A．主分区

   B．逻辑分区

   C．扩展分区

   D．活动分区

3. 在一块硬盘中，主分区最多只能有（　　　）个。

   A．3

   B．4

   C．5

   D．6

4. 对硬盘进行分区后，必须用下列哪个命令进行处理，才可以在硬盘上存储信息？
（　　　）

   A．Fdisk

   B．Format

   C．Scandisk

   D．Delete

5. 在 MBR 磁盘中，创建分区的正确顺序是（　　　）。

    A. 先创建主分区，然后创建扩展分区，最后创建逻辑分区

    B. 先创建扩展分区，然后创建逻辑分区，最后创建主分区

    C. 先创建主分区，然后创建逻辑分区，最后创建扩展分区

    D. 先创建扩展分区，然后创建主分区，最后创建逻辑分区

6. 下列哪个选项不是现在常用的文件系统？（　　　）

    A. FAT16

    B. FAT32

    C. FAT128

    D. NTFS

7. 对于 FAT16 分区，其最大分区容量是（　　　）。

    A. 2GB

    B. 4GB

    C. 6GB

    D. 8GB

8. FAT32 格式的簇的大小要（　　　）FAT16 格式的。

    A. 大于

    B. 小于

    C. 等于

    D. 大于或等于

9. 对硬盘分区的说法不正确的是（　　　）。

    A. 可将一个物理硬盘分成几个逻辑部分

    B. 便于管理

    C. 先进行格式化，再进行分区

    D. 可以用 Fdisk 命令进行分区

10. 用 Fdisk 命令时，下列对硬盘分区的说法不正确的是（　　　）。

    A. 只有先删除扩展分区，才能删除主分区

    B. 用 Fdisk 命令能设定多个扩展分区

    C. 用 Fdisk 命令只能设定一个主分区

    D. 主分区能被设定为活动分区

11. 一块物理硬盘最多可划分为（　　　）个扩展分区。

    A. 1

    B. 2

    C. 3

    D. 4

12．主分区通常用的标志符是（　　　）。

    A．A 盘

    B．B 盘

    C．C 盘

    D．D 盘

13．FAT32 支持的最大硬盘容量为（　　　）。

    A．32GB

    B．127GB

    C．2TB

    D．32TB

14．下列不属于硬盘分区程序的是（　　　）。

    A．DM

    B．Partition Magic

    C．Fdisk

    D．Format

15．执行 Fdisk 程序将 C 盘激活，应当选择图 11-1 中的（　　　）选项。

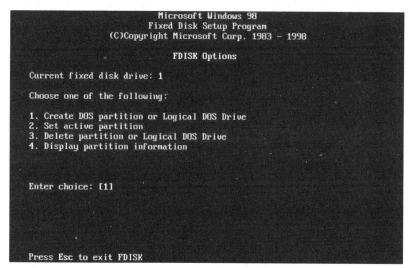

图 11-1　分区命令

    A．Create DOS partition or Logical DOS Drive

    B．Set active partition

    C．Display partition information

    D．Delete partition or Logical DOS Drive

16．对硬盘分区后发现硬盘容量少了 10GB，原因是（　　　）。

    A．硬盘坏了

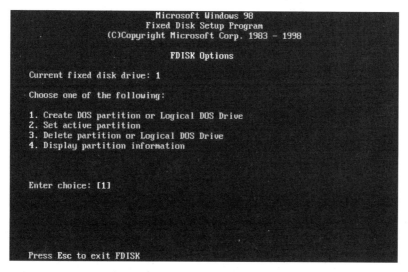

图 11-3 删除分区

A．Delete Primary DOS Partition

B．Delete Extended DOS Partition

C．Delete Logical DOS Drive(s) in the Extended DOS Partition

D．Delete Non-DOS Partition

21．要删除扩展分区，应选择图 11-3 中的（ ）选项。

A．Delete Primary DOS Partition

B．Delete Extended DOS Partition

C．Delete Logical DOS Drive(s) in the Extended DOS Partition

D．Delete Non-DOS Partition

22．要查看分区信息，应选择图 11-4 中的（ ）选项。

图 11-4 查看分区

A．Create DOS partition or Logical DOS Drive

B．Set active partition

C. Display partition information

D. Delete partition or Logical DOS Drive

23．在使用 Format 命令格式化硬盘时，下列哪个参数可以进行快速格式化？（　　）

A．/S

B．/Q

C．/U

D．/F

24．下列方法不能格式化硬盘的是（　　）。

A．DOS 中的 Format 命令

B．在 Windows 操作系统中对分区进行格式化

C．使用 Disk Genius 软件对分区进行格式化

D．使用 WinRAR 软件对分区进行格式化

25．使用 Format 命令将 C 盘格式化为系统盘时，需要加上下列哪个参数？（　　）

A．/S

B．/Q

C．/U

D．/F

26．下列命令行中正确的选项是（　　）。

A．A:\format c:

B．A:\format c;

C．A:\format d

D．A:\format c/s

27．使用 Disk Genius 程序激活主分区时，应选择图 11-5 快捷菜单中的（　　）命令。

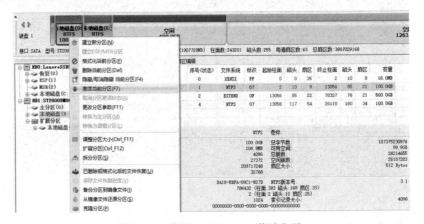

图 11-5　使用 Disk Genius 激活分区

A．拆分分区

B．删除当前分区

C．克隆分区

D．激活当前分区

28．使用 Disk Genius 程序对硬盘进行删除分区操作时，应选择图 11-5 快捷菜单中的
（　　）命令。

A．激活当前分区

B．格式化当前分区

C．克隆分区

D．删除当前分区

29．使用 Disk Genius 程序对 MBR 磁盘进行建立分区的操作时，应选择图 11-6 快捷菜
单中的（　　）命令。

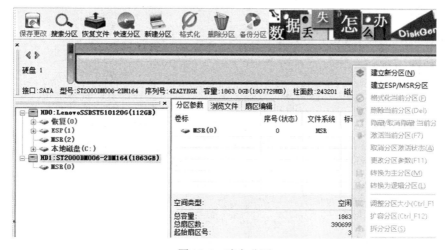

图 11-6　建立分区

A．建立 ESP/MSR 分区

B．从镜像文件还原分区

C．克隆分区

D．建立新分区

30．硬盘主引导记录（MBR）占用硬盘存储空间大小为（　　）。

A．512 B

B．1024 B

C．2028 B

D．4096 B

31．GPT 最大管理硬盘分区大小可达到（　　）。

A．2TB

B．18EB

C．128PB

D．8ZB

32．不可以在 GPT 磁盘上创建的分区是（　　）。

A．EFI 系统分区

B．微软保留分区

C．扩展分区

D．主分区

33．在 Windows 10 中，若要在"磁盘管理"窗口中划分某磁盘分区以创建新分区，应先对要划分的磁盘执行（　　）命令。

A．压缩卷

B．扩展卷

C．固定卷

D．选择卷

34．下列（　　）是 GPT 磁盘的基本数据分区，用来存放用户的数据。

A．主分区

B．MSR 数据分区

C．OEM 分区

D．EFI 系统分区

## 二、判断题

1．逻辑分区是硬盘上最重要的分区。（　　）

2．一块硬盘上可划分多个扩展分区。（　　）

3．NTFS 文件格式可支持的最大分区容量为 137GB。（　　）

4．要对正在使用的硬盘进行分区，最好先备份硬盘中的数据。（　　）

5．对硬盘进行分区，只能使用 Fdisk 命令来划分。（　　）

6．一块硬盘中只能有一个逻辑分区。（　　）

7．扩展分区不能直接使用，必须将扩展分区划分为一个或多个逻辑分区才能使用。
（　　）

8．Windows 9x 不支持 NTFS 文件格式。（　　）

9．用 Fdisk 命令可以设定两个主分区。（　　）

10．在使用 Fdisk 命令划分分区时，只有主分区才能被设置为活动分区，其余的分区不能被设置为活动分区。（　　）

11．全新的硬盘必须先分区才能使用。（　　）

12．一块物理硬盘可以被划分为一个主分区，也可以被划分为多个主分区。（　　）

13．使用 Fdisk 命令划分分区后，分区容量不能实时调整。（　　）

14．激活主分区后，在对应的"Status"（状态）选项下，显示字母"H"。（　　）

15．对硬盘分区并进行格式化操作后，该硬盘分区上的数据会全部丢失。（　　）

16．在使用 Disk Genius 程序创建分区时，可不必遵循创建分区的顺序。（　　）

17．使用 Disk Genius 程序可对硬盘空间做动态调整。（　　）

18．使用 Disk Genius 程序可以转换主分区和逻辑分区。（　　）

19．从硬盘启动时，多个分区中的操作系统可同时运行。（　　）

20．一块硬盘被划分为多个分区后，如果其中一个分区安装了操作系统，那么其他分区不能再安装操作系统。（　　）

21．MBR 分区方案只能支持最大容量 2.2TB 的硬盘。（　　）

22．使用 GPT 分区方案的计算机的开机启动速度，要比使用 MBR 分区方案的计算机的开机启动速度慢。（　　）

23．在 Windows 系统中使用 GPT 分区方案时，由于系统的限制，每个磁盘最多只能支持 256 个磁盘分区。（　　）

24．GPT 分区方案中的硬盘分区一般分为 4 种类型。（　　）

25．GPT 磁盘中的 MSR 分区可在任何时候创建。（　　）

26．在 MBR 硬盘中，要使用超过 4 个盘符，必须创建扩展分区。（　　）

27．在 Windows 下，GPT 分区表最多支持 128 个分区。（　　）

28．为了保持固态硬盘性能，必须定期对其进行碎片整理。（　　）

29．默认情况下，NTFS 分区里每个簇大小都是 4KB。（　　）

30．在 GPT 分区方案中，可以创建多个扩展分区。（　　）

31．通过单击"计算机管理→磁盘管理→磁盘属性→卷"命令，可以查看硬盘是 MBR 分区方案还是 GPT 分区方案。（　　）

32．通过单击"计算机管理→磁盘管理→分区属性→常规"命令，可以查看计算机硬盘分区格式是 NTFS 还是 FAT32。（　　）

33．簇是操作系统管理磁盘的最小单位，几个相邻扇区为一个簇。　　（　　）

34．一个 U 盘剩余空间为 10GB，想将一个 6GB 的文件复制进去，结果报错，可能是因为 FAT32 分区文件不支持 4GB 以上的文件。　　（　　）

35．在 MBR 分区方案中，必须创建扩展分区。　　（　　）

# 第 12 章

# 安装操作系统和硬件驱动程序

一、选择题

1. Windows 7 的哪个版本支持的功能最多？（　　　）

    A．Windows 7 Professional

    B．Windows 7 Home Premium

    C．Windows 7 Enterprise

    D．Windows 7 Ultimate

2. Windows 7 是由（　　　）公司开发的，是具有革命性变化的操作系统。

    A．IBM

    B．威盛

    C．Intel

    D．微软

3. Windows 7 对内存的最低要求是（　　　）。

    A．1GB

    B．512MB

    C．2GB

    D．4GB

4. Windows 7 默认的磁盘分区格式为（　　　）。

    A．FAT16

    B．FAT32

    C．NTFS

    D．EXT2

5. 下列哪个操作系统不是微软公司开发的？（    ）

    A．Windows Server 2003

    B．Windows XP

    C．Linux

    D．Windows Vista

6. Windows 7 目前有几个版本？（    ）

    A．3

    B．4

    C．5

    D．6

7. Windows 7 不能使用下列哪个安装方法？（    ）

    A．光盘安装

    B．硬盘直接安装

    C．软盘安装

    D．U 盘安装

8. 在使用光盘安装 Windows 7 时，需要在（    ）中设置计算机从光盘启动。

    A．BIOS

    B．硬盘

    C．主板

    D．光驱

9. 在安装操作系统时，需要对（    ）进行分区和格式化操作。

    A．CPU

    B．内存

    C．硬盘

    D．显卡

10. 在 Windows 7 安装过程中，如果想全新安装，就在"您想进行何种类型的安装？"对话框中选择（    ）安装类型。

    A．全新

    B．升级

    C．自定义

    D．完全

11. 在"您想将 Windows 安装在何处？"对话框中，如果没有出现"新建""删除"等分区按钮，则可在该对话框中单击"（    ）"按钮，即可看到分区按钮。

A．分区

　　B．刷新

　　C．加载驱动程序

　　D．驱动器选项

12．在"安装 Windows"对话框中，显示出的工作状态有（　　）个。

　　A．3

　　B．4

　　C．5

　　D．6

13．在"键入您的 Windows 产品密钥"界面中，输入的 Windows 7 产品密钥共有（　　）组（　　）个字符。

　　A．5　　　　20

　　B．4　　　　24

　　C．5　　　　25

　　D．6　　　　36

14．（　　）不是"请选择计算机当前的位置"界面提供的选项。

　　A．家庭网络

　　B．工作网络

　　C．公用网络

　　D．私有网络

15．Windows 7 安装程序载入安装文件后，弹出的对话框是（　　）。

　　A．请阅读许可条款

　　B．设置安装语言、时间格式、键盘和输入方法

　　C．现在安装

　　D．安装程序正在启动

16．"您想将 Windows 安装在何处？"对话框中的分区按钮不包括"（　　）"按钮。

　　A．删除

　　B．新建

　　C．合并

　　D．格式化

17．图 12-1 中带叹号的设备表示（　　）。

图 12-1　设备管理器

A．计算机检测到硬件，但未安装驱动程序，不能使用

B．计算机检测到硬件，但驱动程序存在问题，不能使用

C．计算机检测到硬件，但该设备已停用

D．计算机检测到硬件，但该设备与主板不兼容

18．下列选项中，（　　　）不是安装驱动程序的正确方法。

A．使用硬件附带的驱动光盘安装驱动

B．操作系统使用自带的驱动程序自动安装

C．从 Internet 下载最新驱动程序进行安装

D．拆除不能安装驱动程序的设备

19．下面安装驱动程序的正确顺序是（　　　）。

A．显卡→声卡→主板芯片组→网卡

B．声卡→显卡→主板芯片组→网卡

C．主板芯片组→显卡→声卡→网卡

D．网卡→显卡→声卡→主板芯片组

20．下列不能够获取设备驱动程序的是（　　　）。

A．设备附带的光盘

B．登录硬件设备厂商网站或驱动之家网站

C．使用"驱动精灵""驱动人生""鲁大师"等驱动管理软件或 Windows Update

D．使用 CPU-Z

21．下列（      ）不是 Windows 10 发行的版本。

    A．Windows 10 旗舰版

    B．Windows 10 专业版

    C．Windows 10 家庭版

    D．Windows 10 教育版

22．Windows 10 支持的设备类型有（      ）。

    A．台式机

    B．笔记本电脑

    C．平板电脑

    D．以上都支持

23．Windows 10 正式版发布于（      ）。

    A．2013 年

    B．2014 年

    C．2015 年

    D．2016 年

24．Windows 10 一共发行了（      ）个版本。

    A．5

    B．6

    C．7

    D．8

25．Windows 10 的启动 U 盘的空间至少需要（      ）。

    A．4GB

    B．6GB

    C．8GB

    D．12GB

26．Windows 10 应该安装在（      ）分区上。

    A．MSR

    B．恢复

    C．系统

    D．主

27．Windows 10 中的用户账号的安全问题有（      ）个。

    A．1

B. 2

C. 3

D. 4

28. 下列关于 Windows 7 操作系统的说法正确的是（　　）。

A. Windows 7 是目前为止微软公司发布的最新版的操作系统

B. 任何 Windows 7 版本都不能在线升级到 Windows 10

C. Windows 7 SP1 版本可以在线升级到 Windows 10

D. 微软公司已经全面停止了对 Windows 7 的任何技术支持

29. 小明的计算机硬盘空间大小为 1TB，全部划分在 C 盘，C 盘上安装了 Windows 7 操作系统，C 盘上各类文件已经占用 100GB 的空间，现在想要把硬盘空间分为 C 盘（300GB）、D 盘（300GB）和 E 盘 3 个分区，则下列说法中正确的是（　　）。

A. 利用 Windows 7 系统本身的功能可实现分区，但是会破坏 C 盘上的原有数据

B. 利用 Windows 7 系统本身的功能可实现分区，也不会破坏 C 盘上的原有数据

C. 启动 Windows 7 后不能再分区，只能从 U 盘启动，然后对硬盘进行分区操作

D. 启动 Windows 7 后不能再分区，只能从光盘启动，然后对硬盘进行分区操作

30. 安装 Windows 10 64 位系统，至少需要的可用硬盘空间为（　　）。

A. 20 GB

B. 40 GB

C. 60 GB

D. 80 GB

31. 下列属于 Windows 10 自带的杀毒软件的是（　　）。

A. 火绒安全软件

B. 360 安全卫士

C. Windows Defender

D. 金山毒霸

32. 下列（　　）不是 Windows 10 发行的版本。

A. 物联网核心版

B. 移动版

C. 移动企业版

D. 初级版

33. （　　）是美国微软公司开发的最新桌面端操作系统，其中内置安卓（Android）子系统，在微软应用商店（Microsoft store）下载的安卓应用程序可以直接运行。

A. Windows 7

B．Windows 8

C．Windows 10

D．Windows 11

34．Windows 11 操作系统对内存配置的最低要求是（　　　）。

A．512 MB

B．2 GB

C．4 GB

D．8 GB

35．下列不属于国产操作系统的是（　　　）。

A．HarmonyOS

B．Linux

C．NeoKylin

D．Ubuntu Kylin

## 二、判断题

1．只有正确安装了驱动程序的设备才能够被操作系统使用。 （　　）

2．驱动程序是硬件和操作系统之间的桥梁。 （　　）

3．安装多个操作系统的顺序是先安装低版本，再安装高版本。 （　　）

4．正版 Windows 7 操作系统不需要激活即可使用。 （　　）

5．在 Windows 7 的各个版本中，Windows 7 家庭普通版支持的功能最少。 （　　）

6．正版 Windows 7 操作系统不需要安装安全防护软件。 （　　）

7．任何一台计算机都可以安装 Windows 7 操作系统。 （　　）

8．Windows 7 包含 4 个版本。 （　　）

9．在使用"驱动精灵"时，计算机必须连接到互联网。 （　　）

10．在 Windows 7 安装过程中，不能对硬盘进行分区操作。 （　　）

11．Windows 10 只能使用 U 盘安装。 （　　）

12．在 Windows 10 安装过程中，没有产品密钥不能安装。 （　　）

13．在 Windows 10 安装过程中，必须建立 Microsoft 账户。 （　　）

14．在 Windows 10 安装过程中，可以不使用 Cortana 个人助理。 （　　）

15．64 位 CPU 既支持安装 64 位 Windows，也支持安装 32 位 Windows。 （　　）

16．运行 Windows 安装程序前，必须将硬盘分区格式化，否则不能安装 Windows。
（　　）

17．Windows 10 系统安装完成后，不再需要手动安装设备驱动程序。　　（　　）

18．Windows 10 不激活也能使用。　　（　　）

19．从 U 盘安装操作系统，需要在 BIOS 中将 U 盘启动盘设置为第一启动盘。
（　　）

20．Windows 11 系统只有 64 位版本，所以 Windows 11 系统不可以安装与运行 32 位程序。　　（　　）

21．Windows 11 主要分为 Consumer Editions（消费者版）和 Business Editions（商业版）两大类 11 个版本。　　（　　）

# 第 13 章

# 计算机维护及常见故障的排除

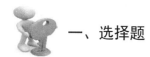 一、选择题

1. CPU、（     ）、内存是计算机系统稳定运行的基础，这三者中的任何一个性能不稳定或不匹配都会对计算机的正常运行造成不良影响。

   A．网卡

   B．键盘

   C．主板

   D．声卡

2. 显示器显示计算机自检通过，但在进入操作系统时，计算机出现"死机"现象，这种现象可能是因为（     ）。

   A．内存错误

   B．感染病毒

   C．硬盘错误

   D．CPU 错误

3. 主机中的噪声一般是由风扇造成的，（     ）的风扇是最有可能发出噪声的。

   A．CPU 和电源

   B．硬盘和 CPU

   C．显卡和声卡

   D．声卡和网卡

4. 主机中如果没有（     ），计算机就无法启动。

   A．网卡

   B．声卡

C．内存

D．硬盘

5．主机中没有（　　　），计算机仍可正常启动。

　　A．显卡

　　B．声卡

　　C．电源

　　D．CPU

6．组装计算机前要释放人体携带的静电，这是因为（　　　）。

　　A．防止静电吸附计算机硬件设备

　　B．防止击穿计算机硬件设备上的集成电路

　　C．人体静电能导致主板短路

　　D．防止用户被电击

7．下列关于硬盘的说法不正确的是（　　　）。

　　A．硬盘比较"娇贵"，使用时应避免大的震动

　　B．硬盘容量越大，能够存储的数据越多

　　C．硬盘是主要的外部存储器

　　D．硬盘抗震性能优越，从高处掉下也不会损坏

8．下列关于光盘的说法不正确的是（　　　）。

　　A．大多采用塑料材质，因此要避免高温、阳光直射、潮湿的环境

　　B．光盘弯曲不影响正常使用

　　C．不要用手直接拿光盘的正面

　　D．选择柔软的布（如擦镜布）清理光盘上的污垢

9．下列关于电源的说法不正确的是（　　　）。

　　A．电源是将市电（交流电）转换成计算机使用的直流电的装置

　　B．电源的功率越大越好

　　C．劣质电源容易导致计算机出现多种故障

　　D．电源一般与机箱捆绑销售，但也可以单独销售

10．硬盘工作时应特别注意避免（　　　）。

　　A．阳光直射

　　B．潮湿

　　C．噪声

　　D．震动

11．计算机工作时对环境温度的要求是（　　　）℃。

A．0～10

  B．15～30

  C．30～60

  D．60～100

12．计算机工作时的环境湿度应为（　　）。

  A．10%～30%

  B．30%～80%

  C．45%～65%

  D．60%～80%

13．计算机电源交流电的最大波动范围是（　　）。

  A．120～250V

  B．150～240V

  C．180～240V

  D．190～230V

14．相对湿度超过（　　），会导致计算机出现结露现象，轻则腐蚀元器件和电路板，重则造成电路短路。

  A．30%

  B．50%

  C．60%

  D．80%

15．相对湿度低于（　　），会产生静电，极易损坏计算机硬件设备，还易吸附灰尘，影响系统散热。

  A．10%

  B．20%

  C．30%

  D．40%

16．关闭计算机后，到再次启动计算机，至少要等待（　　）s。

  A．5

  B．8

  C．10

  D．15

17．液晶显示器内部高压高达（　　）kV。

  A．1

B．10

C．30

D．50

18．在打开机箱之前，双手应该触摸一下暖气管或机箱的金属部分，原因是（　　）。

A．除尘

B．释放静电

C．清洁手部

D．增大摩擦

19．强光长期直射显示器，对显示器造成的主要危害是（　　）。

A．影响显示效果

B．显示器外壳褪色

C．缩短显示器寿命

D．没有影响

20．下列选项中，（　　）接口的鼠标可以热插拔。

A．USB

B．PS/2

C．串口

D．以上都可以

21．计算机在运行中突然重新启动，可能是由（　　）造成的。

A．CPU 故障

B．主板故障

C．病毒

D．以上都有可能

22．分析计算机故障应按照（　　）原则进行。

A．先软后硬、先外后内

B．先硬后软、先外后内

C．先软后硬、先内后外

D．先硬后软、先内后外

23．下列不是计算机软件故障的是（　　）。

A．病毒感染

B．驱动冲突

C．程序故障

D．磁盘故障

24．灰尘很可能造成插槽与板卡（　　）。

    A．死机

    B．接触不良

    C．震动

    D．系统不稳定

25．不小心掉入机箱内的导电物体（如螺钉），如果卡在主板的元器件之间，则可能导致（　　）。

    A．系统不稳定

    B．震动

    C．短路

    D．电路损坏

26．可使用（　　）擦显示器的屏幕。

    A．普通抹布

    B．软布

    C．粗糙的布

    D．纸

27．长期高亮度显示会加速显示器（　　）。

    A．老化

    B．变形

    C．对用户眼睛的损害

    D．外壳变黄

28．解决插槽引脚氧化而引起的接触不良的办法是（　　）。

    A．用橡皮直接擦拭

    B．用水清洁

    C．反复拔插板卡

    D．用砂纸擦拭

29．下列选项中哪项属于计算机软件系统的日常维护内容？（　　）

    A．病毒防治

    B．数据备份

    C．操作系统维护

    D．以上都是

30．计算机故障的判断方法是（　　）。

    A．观察法

B．插拔法

C．替换法

D．以上都可以

31．内存故障可能引发的现象有（　　）。

A．死机

B．系统运行不稳定

C．系统报警无法启动

D．以上都有可能

32．下列选项中，对计算机的运行没有影响的是（　　）。

A．建筑物高度

B．温度

C．环境洁净程度

D．电磁干扰

33．下列选项中，不是合理使用计算机的方法是（　　）。

A．采取防静电措施

B．严禁带电拔插线缆和板卡

C．定期除尘

D．打开机箱盖来提升计算机的散热效果

34．在 CPU 和散热片之间涂抹硅脂的主要作用是（　　）。

A．防止灰尘进入

B．填充 CPU 与散热片之间的空隙，提升散热效果

C．增加 CPU 和散热片的摩擦

D．防静电

35．下列关于光驱的使用方法叙述错误的是（　　）。

A．平时不使用光盘时，不要将光盘放在光驱内

B．为了防止损坏光驱按钮，可通过光驱托盘强行放、取光盘

C．定期除尘

D．不要长时间用光驱看 DVD 或听 CD

36．下列关于计算机操作方法的叙述不正确的是（　　）。

A．尽量不要带电插拔计算机硬件设备

B．计算机在运行过程中如果死机，应尽量使用软启动或复位的方法

C．计算机在运行过程中，不要对其频繁搬动

D．计算机开机时应先打开主机电源，再打开外部设备电源，关机时则相反

37．计算机正常运行时突然黑屏，机箱电源指示灯灭，电源风扇停转，试分析该故障应发生在（　　）。

　　A．CPU

　　B．显卡

　　C．显示器

　　D．电源

38．计算机无法正常显示，初步怀疑是显卡损坏，正确的故障判断方法是（　　）。

　　A．再买一块显卡

　　B．将显卡送修

　　C．用好的显卡重试故障机

　　D．再买一台计算机

39．在 BIOS 中对 CPU 进行超频过高设置，导致启动计算机时黑屏，该故障的处理办法是（　　）。

　　A．恢复 BIOS 默认设置

　　B．关闭计算机

　　C．给 CPU 更换散热器

　　D．重启计算机

40．在机房中，不适合（　　），因为容易积聚灰尘和产生静电。

　　A．在地板上刷油漆

　　B．在地板上铺地毯

　　C．铺设木地板

　　D．铺设全钢地板

41．（　　）是指将线缆、芯片或板卡类设备通过"拔出"和"插入"的方法来查找故障。

　　A．替换法

　　B．逐步添加/去除法

　　C．拔插法

　　D．观察法

42．对于计算机故障中的异常声响、发热、烧焦和腐蚀等问题，适合采用（　　）确定故障点。

　　A．观察法

　　B．拔插法

　　C．替换法

D．逐步添加/去除法

43．计算机病毒攻击的文件通常是（　　）文件。

A．.wav

B．.png

C．.dbf

D．.com 和.exe

44．计算机病毒通常是（　　）。

A．一条命令

B．一个文件

C．一个标记

D．一段程序代码

45．小刚的计算机出现了开机黑屏的故障，下列选项中不会导致该故障的是（　　）。

A．显示器连接到主机的线缆接头松动

B．显卡故障

C．显示器电源线插头接触不良

D．USB 接口的鼠标故障

46．在擦拭显示器屏幕时，可使用（　　）。

A．沾有酒精或清洁剂的棉布

B．沾有水或清洁剂的棉布

C．沾有洗衣液或清洁剂的棉布

D．柔软的干防静电抹布，不能使用沾有水和清洁剂的棉布或过硬的物件擦拭

47．出现音频输出故障可能的原因是（　　）。

A．驱动程序未正确安装，造成插入耳机后没有声音

B．音频接口使用不当导致接口损坏

C．电磁干扰，造成音频输出有杂音

D．以上都有可能

48．关于虚拟内存，下列说法正确的是（　　）。

A．虚拟内存实际上是内存的一部分

B．当内存耗尽时，计算机就会自动调用硬盘空间来充当内存

C．虚拟内存的读写速率与实际物理内存的读写速率相当

D．虚拟内存设置得越大越好

49．当 Windows 系统崩溃后，可以通过（　　）来恢复。

A．更新驱动

B．使用之前创建的系统镜像

C．使用安装光盘重新安装操作系统

D．重新启动计算机

## 二、判断题

1．在计算机正常工作时，如果硬盘受到剧烈震动，磁盘表面就容易被划伤，磁头也容易被损坏。　　　　　　　　　　　　　　　　　　　　　　　　　　（　　）

2．擦拭液晶显示器屏幕时，可将清洁剂直接喷到液晶显示器的屏幕上。（　　）

3．液晶显示器的内部没有高电压。　　　　　　　　　　　　　　　　（　　）

4．线缆插拔不当可能损坏显示器，甚至损坏主板接口。　　　　　　（　　）

5．液体是不能进入液晶显示器内部的。　　　　　　　　　　　　　　（　　）

6．清洁显示器时可以不关闭显示器的电源。　　　　　　　　　　　　（　　）

7．计算机在通风良好的环境下，可以确保计算机散热良好，从而保证计算机系统正常工作。　　　　　　　　　　　　　　　　　　　　　　　　　　　　　（　　）

8．显示器故障的原因只能是硬件原因。　　　　　　　　　　　　　　（　　）

9．计算机正常工作时，如果字符突然消失、屏幕变黑，就应立即检测主机。

（　　）

10．由软件原因引起的死机可能是感染了病毒。　　　　　　　　　　（　　）

11．音箱可以被阳光直射，也可以靠近热源，如暖气片等。　　　　　（　　）

12．灰尘对显示器没有什么影响，不必采取防尘措施。　　　　　　　（　　）

13．为了使机房的空气流通，不应该关闭门窗。　　　　　　　　　　（　　）

14．关机后可以立即开机。　　　　　　　　　　　　　　　　　　　　（　　）

15．计算机正在读/写数据时允许突然关机。　　　　　　　　　　　　（　　）

16．硬盘不能受太大的震动，否则会损坏。　　　　　　　　　　　　（　　）

17．安装主板时可以高低不平，只要不与机箱直接接触就可以。　　（　　）

18．对PS/2接口的鼠标进行热插拔时，不会损坏鼠标接口。　　　　（　　）

19．可直接在CPU上清洁CPU风扇。　　　　　　　　　　　　　　　（　　）

20．用户在拆装计算机硬件设备前，应该先释放人体携带的静电。　（　　）

21．为了保证计算机长期正常工作，必须有好的使用环境，使用环境包括供电环境、湿度、温度、洁净度、亮度、震动与噪声等。　　　　　　　　　　　　　　（　　）

22．使用键盘时要注意，击键不要用力过猛，定期清洁键盘。　　　（　　）

23．进行系统备份是防止硬盘数据被损坏的有效方法之一。　　　（　　）

24．替换法就是利用正常的计算机设备来逐一替换现有设备，从而确定故障所在的方法。　　　（　　）

25．硬盘出现硬件故障时，用户可以自行拆开维修。　　　（　　）

26．计算机的工作环境不包括接地系统。　　　（　　）

27．计算机的硬件、软件和数据受到影响时，就意味着计算机的安全受到了威胁。

（　　）

28．计算机病毒只能破坏计算机软件。　　　（　　）

29．计算机长时间不使用可延长计算机的使用寿命。　　　（　　）

30．键盘和鼠标的接口都是 PS/2，所以这两种设备的接口可以互换使用。　（　　）

31．微型计算机常常是在信息复制和信息交换时感染上计算机病毒的。　（　　）

32．删除计算机病毒的唯一方法是格式化磁盘。　　　（　　）

33．黑客只要不删改他人计算机系统信息就不构成犯罪。　　　（　　）

34．用最新的杀毒软件一定可以检测并消除计算机中感染的任何病毒。　（　　）

35．微型计算机在工作时，很多部件会产生热量，所以微型计算机工作的环境温度不可过高，而过低温度不会影响微型计算机的正常工作。　　　（　　）

36．当添加了一些新设备时，显示器便出现黑屏故障，排除了配件质量及兼容性问题后，电源的质量不好、供电不足是故障出现的主要原因。　　　（　　）

37．出错信息"CMOS battery failed"是 CMOS 损坏引起的。　　　（　　）

38．在 Windows 中，清理磁盘碎片是为了数据文件的安全。　　　（　　）

39．虚拟内存中的数据其实是保存在硬盘中的。　　　（　　）

40．对计算机液晶显示器进行日常维护，可用潮湿的干布蘸些专用中性清洁剂擦拭显示器屏幕。　　　（　　）

模拟试卷

# 模拟试卷一

## 一、选择题（60分）

1. 目前，CPU 的集成度达到了（　　）个晶体管的程度。
   - A. 大约 100 万
   - B. 大约 1000 万
   - C. 大约 1 亿
   - D. 10 亿

2. 目前，CPU 最先进的制作工艺水平是（　　）nm。
   - A. 12
   - B. 14
   - C. 16
   - D. 22

3. 主机是由哪些部分组成的？（　　）
   - A. CPU 和硬盘
   - B. CPU 和内存
   - C. 硬盘和内存
   - D. 以上都不对

4. 与 CPU 发热量无关的是（　　）。
   - A. CPU 的主频
   - B. CPU 的制造工艺
   - C. CPU 的功耗
   - D. CPU 的架构

5. 下列内存中频率最高的是（　　）。
   - A. DDR4
   - B. DDR3
   - C. DDR2
   - D. DDR

6. 目前，主流的内存是（　　　　）位的。

    A．16

    B．32

    C．64

    D．128

7. 主流独立显卡采用的显存属于（　　　　）。

    A．DDR3

    B．DDR4

    C．GDDR3

    D．GDDR5

8. 下列主板芯片组中支持 8 代酷睿处理器的是（　　　　）。

    A．100 系列芯片组

    B．200 系列芯片组

    C．300 系列芯片组

    D．9 系列芯片组

9. 南北桥架构与 QPI 架构最大的区别是（　　　　）。

    A．硬盘读写速率大幅度提高

    B．支持更多 USB 3.0 设备

    C．CPU 核心工作效率提高

    D．CPU 频率提高

10. 某主板是否支持 4 通道内存技术是由（　　　　）决定的。

    A．内存与 CPU

    B．CPU 与芯片组

    C．显卡与内存

    D．主板芯片组与内存

11. 下列不属于主板品牌的一组是（　　　　）。

    A．技嘉　华硕

    B．微星　七彩虹

    C．华擎　梅捷

    D．精英　威刚

12. 通用串行总线是（　　　　）。

    A．USB

    B．SATA

    C．BIOS

D．CMOS

13．下列和音箱无关的是（　　　）。

　　A．分频器

　　B．功放

　　C．UEFI

　　D．频响范围

14．不属于声卡分类的一项是（　　　）。

　　A．独立声卡

　　B．集成声卡

　　C．多声道声卡

　　D．外置声卡

15．下列关于使用音箱的叙述不正确的是（　　　）。

　　A．新音箱应该在最大音量上磨合一段时间

　　B．买音箱时额定功率是关注点之一

　　C．音箱的频响范围越大越好

　　D．同样尺寸音箱的重量不宜太轻

16．与100001B等值的十进制数是（　　　）。

　　A．30

　　B．31

　　C．32

　　D．33

17．3A.C H转换成二进制数是（　　　）。

　　A．111010.11B

　　B．111011.0011B

　　C．101100.101B

　　D．111011.0101B

18．显存位宽是显卡的重要性能指标，下列位宽值中哪一项是不能接受的？（　　　　）

　　A．384

　　B．256

　　C．128

　　D．64

19．固态硬盘的读写速率比较快，下列叙述正确的一项是（　　　）。

　　A．没有光盘读写速率快

　　B．比内存读写速率快

C．比传统硬盘读写速率快

D．和 CPU 速度相当

20．需要刷新才能保存数据的内存是（　　　）。

　　A．静态内存

　　B．动态内存

　　C．EPROM

　　D．Flash

21．不直接影响 CPU 性能的是（　　　）。

　　A．CPU 架构

　　B．三级缓存容量

　　C．制作工艺

　　D．核心数量

22．硬盘存储数据时按面、磁道、扇区划分存储空间，其中最外侧磁道的编号是（　　　）。

　　A．1 磁道

　　B．末磁道

　　C．01 磁道

　　D．以上都不对

23．SATA 3 的数据传输速率是（　　　）。

　　A．150 MB/s

　　B．300 MB/s

　　C．450 MB/s

　　D．600 MB/s

24．下列关于激光打印机的叙述错误的是（　　　）。

　　A．噪声大

　　B．打印速度快

　　C．耗材便宜

　　D．不适合打印图片

25．下列配件中耗电量最高的是（　　　）。

　　A．硬盘

　　B．内存

　　C．光驱

　　D．主流独立显卡

26．下列接口类型中只能传输模拟信号的是（　　　）。

　　A．DVI

B．VGA

C．HDMI

D．DP

27．选择显示内存容量时不需要考虑的一项是（　　　　）。

A．显示器尺寸

B．RAMDAC（数模转换器）

C．运行的软件需求

D．运行的游戏需求

28．拆装板卡时不需要考虑的一项是（　　　　）。

A．板卡的性能

B．拆装的先后顺序

C．是否切断电源

D．是否已释放静电

29．下列关于驱动程序的叙述不正确的一项是（　　　　）。

A．不一定安装最新版本

B．安装时有一定的顺序

C．有针对不同操作系统的驱动程序

D．可以不安装

30．下列命令中哪一项是格式化命令？（　　　　）

A．Fdisk

B．Format

C．Chkdisk

D．Scandisk

## 二、判断题（15分）

1．现在通用的个人计算机属于数字式电子计算机。　　　　　　　　　　（　　　）

2．组装计算机时至少要准备一把有磁性的十字螺丝刀。　　　　　　　（　　　）

3．CPU的一级缓存只有指令缓存。　　　　　　　　　　　　　　　　（　　　）

4．目前CPU三级缓存越来越大了。　　　　　　　　　　　　　　　　（　　　）

5．比较两款CPU性能的最主要方法是看哪个主频更高。　　　　　　　（　　　）

6．支持4通道内存技术的主板属于入门级产品。　　　　　　　　　　（　　　）

7．动态随机存储器在计算机中可以用作 CPU 缓存。 （　　）

8．目前，市场上主流硬盘的容量普遍在 1000~6000MB。 （　　）

9．混合硬盘是指将两块相同容量的硬盘合并使用的技术。 （　　）

10．固态硬盘容量小，所以价格也十分低廉。 （　　）

11．显卡和显示器的接口不相符时只能更换其中一个。 （　　）

12．曲面屏的曲率越小，价格越便宜。 （　　）

13．相比 IPS 面板和 VA 面板，TN 面板的色彩还原能力最强。 （　　）

14．市面上的 LED 显示器是和液晶显示器截然不同的新型显示器。 （　　）

15．U 盘结实耐用，所以重要数据可以保存到 U 盘中。 （　　）

# 模拟试卷二

 **一、选择题（60分）**

1. 关于 ENIAC 的叙述正确的一组是（　　）。

    A. 美国　1945 年　弗吉尼亚

    B. 英国　1938 年　伦敦

    C. 美国　1946 年　宾夕法尼亚

    D. 法国　1949 年　巴黎

2. 目前已经淘汰的一组设备是（　　）。

    A. CRT 显示器　声卡

    B. 光驱　机械鼠标

    C. 软盘　机械硬盘

    D. 软盘　CRT 显示器

3. 下列关于 CPU 检测软件 CPU-Z 的叙述错误的是（　　）。

    A. 能检测 CPU 倍频

    B. 能检测制造工艺

    C. 能检测使用寿命

    D. 能检测 CPU 的缓存

4. Intel 酷睿处理器按档次高低有 i3、i5、i7 之分，下列对其叙述错误的是（　　）。

    A. 频率不一样

    B. 三级缓存不一样

    C. 线程数不一样

    D. 核心数量不一样

5. 下列 AMD CPU 中没有采用 Zen 架构的是（　　）。

    A. 线程撕裂者

    B. FX-8350

    C. 锐龙 5

D．锐龙 7

6．决定所支持的 CPU 类型、内存类型的是（　　　）。

　　A．主板芯片组

　　B．主板板型

　　C．主板价格

　　D．主板品牌（AMD 或 Intel）

7．DDR4 相比之前的内存存在着诸多不同之处，下列叙述不正确的是（　　　）。

　　A．功能不同

　　B．性能不同

　　C．针脚数量不同

　　D．金手指的外观略有不同

8．传统硬盘在使用时最忌讳的是（　　　）。

　　A．连续开机时间超过 8 小时

　　B．震动

　　C．单次传输数据量超过 8GB

　　D．网络环境下连续开机超过 8 小时

9．与显卡性能无关的参数是（　　　）。

　　A．流水线数量

　　B．像素填充率

　　C．纹理填充率

　　D．功率（功耗）

10．下列接口中具备视频、音频同传的是（　　　）。

　　A．DP　HDMI

　　B．VGA　DVI

　　C．HDMI　VGA

　　D．DVI　DP

11．下列软件中能检测显卡相关参数的是（　　　）。

　　A．CPU-Z

　　B．GPU-Z

　　C．3DMark

　　D．FRAPS

12．19 英寸宽屏显示器的最大（最佳）分辨率是（　　　）。

　　A．1024 像素×768 像素

B．1440 像素×900 像素

  C．1920 像素×1080 像素

  D．1680 像素×1050 像素

13．相比 CRT 显示器，LCD 的主要优势是（  ）。

  A．时尚健康

  B．色彩还原度更好

  C．可视角度大

  D．点距更小（画面细腻）

14．一般情况下，选择机箱时不需要考虑的因素是（  ）。

  A．外观、尺寸

  B．钢板厚度（刚性）

  C．加工工艺

  D．有没有额外的风扇安装位

15．固态硬盘读写速率快的主要原因是（  ）。

  A．容量大

  B．没有机械结构

  C．缓存大

  D．转速高

16．下列参数与数码相机无关的是（  ）。

  A．胶片

  B．CCD 影像传感器

  C．存储卡

  D．镜头

17．在选择电源功率值时，正确的选择是（  ）。

  A．是主机功率和的 1.3 倍

  B．越大越好

  C．200W 就足够了

  D．是主机配件功率与显示器功率之和

18．下列不属于 IPS 面板特点的一项是（  ）。

  A．硬屏

  B．响应时间长

  C．色彩还原准确

  D．漏光现象严重

19．当下，主流液晶显示器的显示比例是（　　　）。

A．4∶3

B．5∶4

C．16∶9

D．21∶9

20．某款显卡的显存类型为GDDR5，实际工作频率为1500MHz，位宽是128位，其显存带宽为（　　　）。

A．24 GB/s

B．48 GB/s

C．96 GB/s

D．192 GB/s

21．35.75D转换成二进制数是（　　　）。

A．100101.101B

B．100011.11B

C．110010.1101B

D．100010.011B

22．100110001.01B转换成十六进制数为（　　　）。

A．133.4H

B．401.1H

C．130.8H

D．131.4H

23．下列关于康宝（COMBO）的叙述不正确的是（　　　）。

A．属于过渡产品

B．现在已经被淘汰

C．不可以读取DVD盘片

D．可以刻录CD光盘

24．下列存储器中读写速率最慢的是（　　　）。

A．内存

B．CPU缓存

C．温氏硬盘

D．固态硬盘

25．BIOS是（　　　）的英文缩写。

A．基本输入/输出系统

B．通用串行总线

C．统一的可扩展固件接口

D．互补金属氧化物半导体存储器

26．当下，主流 CPU 属于（　　　）位的处理器。

A．128

B．64

C．32

D．16

27．光盘虽然只有 1mm 厚，但是由 5 个不同的功能层组成，记录数据的是（　　　）。

A．基板

B．反射层

C．印刷层

D．记录层

28．下列组装计算机时释放静电的方法不可靠的是（　　　）。

A．事先双手手掌摩擦几秒

B．事先洗手

C．操作时带静电手环

D．事先触摸金属物

29．音箱的摆放位置很重要，一般来讲 2.1 音箱的低音单元应该摆放在（　　　）。

A．操作者的左边

B．使用者的右边

C．操作者的正面

D．哪里都可以，方便开关和调节音量就行

30．下列不属于系统软件的是（　　　）。

A．Windows XP

B．Windows 7

C．Office 2007

D．Windows 10

# 二、判断题（15 分）

1．机箱面板上的开关和指示灯是通过线路连接到主板上的。　　　　　　　　（　　　）

2．现在的键盘、鼠标接口多采用 USB 接口。　　　　　　　　　　　　（　　）

3．联想计算机的 CPU、主板、内存、硬盘等配件都是联想公司自行研发生产的。

（　　）

4．M.2 接口的固态硬盘的读写速率一定比 SATA 接口的固态硬盘的读写速率快。

（　　）

5．CPU 的指令集支持得越多越好。　　　　　　　　　　　　　　　　（　　）

6．散装 CPU 和盒装 CPU 的质量差距较大，所以不建议购买散装 CPU。　（　　）

7．ITX 主板是指长方形的主板。　　　　　　　　　　　　　　　　　（　　）

8．动态随机存储器的读写速率比静态随机存储器的读写速率慢，所以在现在的计算机系统中基本不用了。　　　　　　　　　　　　　　　　　　　　　　（　　）

9．扫描仪属于输出设备。　　　　　　　　　　　　　　　　　　　　（　　）

10．硬盘工作时不能受到震动，因为磁头容易出现撞击断裂现象。　　（　　）

11．HD Tune 是一款硬盘修复软件。　　　　　　　　　　　　　　　（　　）

12．显卡的核心频率差距不大，所以其大小不作为性能差异的比较参数。（　　）

13．用 FRAPS 测试游戏后平均帧数为 30，说明显卡性能可以满足运行游戏的需求。

（　　）

14．现在的 CPU 性能之所以越来越强劲，是因为其制作工艺在不断地改进。（　　）

15．内存的需求量只和操作系统有关。　　　　　　　　　　　　　　（　　）

# 模拟试卷三

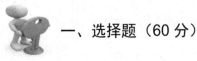 一、选择题（60 分）

1. 集成电路采用的材质是（     ）。

    A．超导材料

    B．绝缘材料

    C．金属导体

    D．半导体

2. 下列不属于输入设备的是（     ）。

    A．扫描仪

    B．打印机

    C．鼠标

    D．键盘

3. 下列不属于 QPI 总线架构优点的是（     ）。

    A．核心之间有独立的通道

    B．核心与内存之间有独立的通道

    C．带宽大幅度提升

    D．南桥芯片被弱化

4. 下列对集成显卡的叙述错误的是（     ）。

    A．集成在 CPU 内部

    B．性能可满足多数用户需求

    C．没有独立的显存

    D．所有计算机都有集成显卡

5. 下列关于 CPU 缓存的叙述不正确的是（     ）。

    A．采用分级制

    B．一级缓存分指令缓存和数据缓存两种

    C．AMD 的二级缓存大，所以性能好很多

D．缓存频率和 CPU 核心相同

6．下列关于盒装 CPU 和散装 CPU 的叙述不正确的是（　　）。

    A．散装的需另外配散热器

    B．售后服务不一样

    C．性能差距较大

    D．价格不一样

7．支持 Intel CPU 的主板上没有北桥芯片是因为（　　）。

    A．北桥芯片的功能由 CPU 实现

    B．没用，不需要了

    C．价格高，被放弃

    D．影响安装 CPU 风扇，所以被放弃

8．在计算机中配置内存容量的大小时，不正确的一项是（　　）。

    A．价格便宜，所以多配置一些

    B．根据操作系统需求配置内存

    C．根据应用程序需求配置内存

    D．尽量配置双通道内存

9．65.25 转换成二进制数是（　　）。

    A．1000010.11

    B．100001.01

    C．1000001.01

    D．1000011.11

10．硬盘的实际数据传输速率是（　　）。

    A．每秒几十千字节

    B．每秒几十兆字节

    C．每秒几吉字节

    D．每秒几十吉字节

11．区分酷睿 i3、i5、i7 性能的一项是（　　）。

    A．一级缓存容量

    B．二级缓存容量

    C．线程数

    D．核心和线程数

12．101011110.1001 转换成十六进制数是（　　）。

A．15E.9H

B．15F.9H

C．14E.8H

D．14F.8H

13．光盘反射层的材质是（    ）。

A．95%银

B．99.99%银

C．95%金

D．99.99%金

14．特别轻薄的机箱带来的隐患很多，下列叙述不正确的是（    ）。

A．机箱容易变形

B．主板容易变形

C．不容易安装到位

D．价格便宜

15．SATA 3.0、USB 3.0、PCI-E 3.0 的传输速度分别是（    ）。

A．600MB/s、480MB/s、32GB/s

B．300MB/s、60MB/s、32GB/s

C．600MB/s、480MB/s、16GB/s

D．300MB/s、480MB/s、32GB/s

16．4K 电视的分辨率是（    ）。

A．1280 像素×720 像素

B．1920 像素×1080 像素

C．2560 像素×1600 像素

D．3840 像素×2160 像素

17．U 盘的优点有很多，下列不属于 U 盘优点的是（    ）。

A．读写速率较快

B．容量较大

C．体积小、重量轻

D．适合长期保存重要数据

18．下列品牌中生产 GPU 的是（    ）。

A．技嘉

B．AMD

C．希捷

D．金士顿

19．下列接口中不属于固态硬盘接口的是（  ）。

  A．SATA

  B．M.2

  C．mSATA

  D．IEEE 1394

20．选择显存容量时不需要考虑的因素是（  ）。

  A．运行 3D 游戏对显存的需求

  B．显示器尺寸

  C．与 GPU 匹配

  D．上网需要

21．液晶显示器的最佳分辨率指的是（  ）。

  A．最小分辨率

  B．最大分辨率

  C．1080P 时的状态

  D．1024 像素×768 像素的状态

22．运行 3D 游戏时想要保证其可玩性，最低帧率应不低于（  ）。

  A．12 帧/秒

  B．18 帧/秒

  C．24 帧/秒

  D．30 帧/秒

23．运行 3D 游戏时偶尔有一点卡顿，可以采取一些措施，下列措施无效的是（  ）。

  A．降低游戏画面的分辨率

  B．降低游戏画质

  C．换更好的显卡

  D．更换显示器

24．下列区分液晶面板的方法中，不正确的是（  ）。

  A．轻划屏幕显示水波纹的是 TN 面板

  B．轻划屏幕显示梅花纹的是 VA 面板

  C．轻划屏幕没有明显变化的是 IPS 面板

  D．以上都不对

25．下列 CPU 与芯片组搭配错误或不合理的是（  ）。

  A．i5-8400      Z370

B．锐龙 5-1600  X370

  C．i7-8700K  Z370

  D．锐龙 3-1200  X370

26．液晶显示器的背光方式有 CCFL 和 LED 两种，下列叙述不正确的是（  ）。

  A．LED 方式的更轻薄

  B．CCFL 方式的含水银，不建议使用

  C．使用时并没有明显区别

  D．适合不同类型的面板

27．下列关于显卡的描述错误的是（  ）。

  A．相同厂家的 GPU 流处理器的数量越多，性能越好

  B．采用相同 GPU 的不同品牌的显卡，其性能差距不大

  C．新一代的主流级 GPU（显卡）不一定比上一代的发烧级 GPU（显卡）强

  D．同时期但不同品牌的 GPU 之间没有办法比较其性能

28．目前硬盘分区时常采用的分区类型是（  ）。

  A．FAT16

  B．FAT32

  C．NTFS

  D．EXT2

29．下列关于机箱面板上 USB 接口的叙述错误的是（  ）。

  A．相比主板上的 USB 接口，其稳定性可能差一点

  B．通过延长线连接到主板上

  C．选择绝大多数 USB 3.0 的接口

  D．不能用于连接移动硬盘

30．组装计算机过程中注意的事项较多，下列叙述错误的是（  ）。

  A．如安装标准 ATX 主板，至少要使用 6 个螺钉固定

  B．如安装 Micro ATX 主板，至少要使用 4 个螺钉固定

  C．应该先安装主板，再安装显卡（独立显卡）

  D．加电测试后无须整理线路，直接扣盖即可

 二、判断题（15 分）

1．激光鼠标是定位最准确的鼠标。       （  ）

2．人体工程学键盘的优点是美观、时尚。　　　　　　　　　　　（　　）

3．如果机箱面板上的电源开关按钮的连线连接时方向反了，则计算机无法开机。

（　　）

4．i5-8400 和 i7-8700 都有 6 个核心，所以它们的性能表现应该相差无几。（　　）

5．大容量的三级缓存是高端 CPU 的重要标志。　　　　　　　　　（　　）

6．某用户称自家计算机用的是 24 寸宽屏显示器，所以其显示器的宽度是 24 英寸。

（　　）

7．现在支持 Intel CPU 的主板上没有北桥芯片。　　　　　　　　（　　）

8．内存条正反面金手指的定义（功能）是一样的。　　　　　　　（　　）

9．在主板上的任意两个内存条插槽中插上相同规格的内存条，就能实现双通道内存。

（　　）

10．相比传统硬盘，固态硬盘容量小、价格高，所以暂时不能取代传统硬盘。

（　　）

11．对于任意两块显卡，只要比较其流处理器的数量就能判断其性能的优劣。（　　）

12．将集成显卡升级成独立显卡时需要在 BIOS 里将集成显卡屏蔽掉。（　　）

13．导热硅脂的主要作用是有助于传导热量。　　　　　　　　　　（　　）

14．机箱面板上的灯不停地闪烁表示 CPU 在读取内存数据。　　　（　　）

15．为操作方便移动硬盘最好不要拔下来。　　　　　　　　　　　（　　）

历 年 真 题

# 2022 年内蒙古试卷

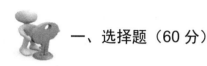 **一、选择题（60 分）**

1. 以使用的逻辑元件为依据，下面关于计算机发展历程叙述正确的是（　　）。

   A．晶体管计算机、中小规模集成电路计算机、电子管计算机、大规模集成电路计算机

   B．电子管计算机、晶体管计算机、中小规模集成电路计算机、大规模集成电路计算机

   C．晶体管计算机、电子管计算机、中小规模集成电路计算机、大规模集成电路计算机

   D．电子管计算机、中小规模集成电路计算机、晶体管计算机、大规模集成电路计算机

2. 目前主流的内存类型为（　　）。

   A．EDO

   B．SDRAM

   C．DDR

   D．RDRAM

3. 下列关于 CPU 核心的发展方向不正确的是（　　）。

   A．高电压

   B．低功耗

   C．多核心

   D．高频率

4. 下列哪种接口用于 Intel CPU？（　　）

   A．Socket AM3

   B．Socket FM2+

   C．LGA

   D．Slot A

5. 集成显卡的显存通过共享（　　）实现。

A．内存

    B．外存

    C．主板缓存

    D．CPU 缓存

6．按照主板结构的紧凑程度划分，下列主板面积由大到小排序正确的是（　　　）。

    A．ATX、Micro-ATX、ITX

    B．ITX、ATX、Micro-ATX

    C．ATX、ITX、Micro-ATX

    D．Micro-ATX、ATX、ITX

7．下列（　　　）不与南桥芯片相连。

    A．内存

    B．键盘

    C．网卡

    D．硬盘

8．Type-C 接口属于的接口规范是（　　　）。

    A．USB 1.1

    B．USB 2.0

    C．USB 3.0

    D．USB 3.1

9．目前主板上北桥芯片的功能已经被集成到（　　　）。

    A．CPU

    B．显示芯片

    C．南桥芯片

    D．内存

10．下列关于 BIOS 和 CMOS 的叙述正确的是（　　　）。

    A．BIOS 是一组固化在主板 ROM 中的程序

    B．BIOS 存放在 CMOS 存储器中

    C．CMOS 中的数据是出厂时设定的，不能修改

    D．CMOS 属于只读存储器

11．下列关于内存的说法错误的是（　　　）。

    A．内存分为只读存储器和随机存储器

    B．ROM 一旦写入就不能修改

    C．RAM 的内容一断电就丢失

D．随机存储器分为静态随机存储器和动态随机存储器

12．DDR4-3600 内存的带宽为（　　）。

A．3.6GB

B．144GB

C．28.8GB

D．230.4GB

13．下列（　　）不是选购固态硬盘的主要指标。

A．转速

B．容量

C．数据传输率

D．接口类型

14．目前主流台式机的机械硬盘的转速为（　　）。

A．3600r/min

B．5400r/min

C．7200r/min

D．9600r/min

15．常用的固态硬盘接口不包括（　　）。

A．SATA

B．M.2

C．PCI-E

D．IDE

16．一张单面单层的 DVD 光盘的容量为（　　）。

A．650MB

B．4.7GB

C．9.4GB

D．25GB

17．光盘的反射层一般采用的材料是（　　）。

A．聚碳酸酯

B．有机染料

C．金属

D．塑料

18．决定显卡档次和性能的部件是（　　）。

A．显示芯片

B．显存

    C．接口类型

    D．显卡 PCB

19．下列（　　）显卡接口不是数字接口。

    A．DP

    B．DVI

    C．HDMI

    D．VGA

20．下列关于显存的叙述不正确的是（　　）。

    A．显存位宽越大，性能越好

    B．显示器越大，显存需要的容量也越大

    C．显存带宽=显存位宽×显存有效频率

    D．显存工作频率与存取速率成反比

21．下列哪种液晶面板的可视角度最小？（　　）

    A．TN

    B．VA

    C．IPS

    D．CRT

22．液晶显示器在显示动态图像时出现残影的现象与哪个技术指标有关？（　　）

    A．可视角度

    B．对比度

    C．信号响应时间

    D．刷新频率

23．声卡上用于连接外接音箱或功放（功率放大器）的接口是（　　）。

    A．Speaker Out

    B．Line Out

    C．Line In

    D．Mie In

24．下列关于音箱的叙述正确的是（　　）。

    A．全频带音箱可以覆盖所有的频率范围

    B．金属材质比木质、塑料材质更适合制作音箱

    C．音箱由扬声器和箱体两部分组成

    D．频响范围是衡量音箱性能的重要指标

25．下列关于机箱的叙述不正确的是（    ）。

　A．机箱的主要作用是放置和固定计算机配件，起承托和保护作用

　B．机箱具有屏蔽电磁辐射的作用

　C．机箱内部空间越紧凑，越有利于空气流通和散热

　D．机箱的选择要与主板大小相匹配

26．电源的作用是将交流电转换为稳定的直流电，通常转换后的电压有（    ）。

　A．±5V、±12V、+3.3V

　B．+5V、+12V、3.3V

　C．±5V、−12V、±3.3V

　D．±5V、±12V、±3.3V

27．我国的安全认证标准是（    ）。

　A．FCC

　B．CE

　C．CCC

　D．RoHS

28．下列（    ）是衡量打印机打印质量的指标。

　A．PPI

　B．DPI

　C．PPM

　D．PPT

29．下列关于计算机故障的判断原则错误的是（    ）。

　A．先硬后软

　B．先外后内

　C．先电源后部件

　D．先简单后复杂

30．下列关于计算机主机内部部件的安装顺序正确的是（    ）。

　A．CPU、内存、主板、电源、显卡、硬盘

　B．主板、CPU、内存、电源、显卡、硬盘

　C．电源、主板、CPU、内存、显卡、硬盘

　D．CPU、内存、主板、显卡、硬盘、电源

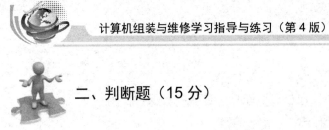

## 二、判断题（15 分）

1. 在选购主板时，主板芯片组要与选择的 CPU 类型相匹配。 （　　）
2. CPU 散热器表面积越大，散热效果越好。 （　　）
3. DRAM 在计算机系统中通常用于 CPU 内部缓存。 （　　）
4. SATA 接口采用并行传输方式，不支持热插拔。 （　　）
5. 固态硬盘比机械硬盘的抗震性好。 （　　）
6. PCI-E×16 标准专为显卡设计。 （　　）
7. 显卡的流处理单元个数越多，处理能力越强。 （　　）
8. 液晶显示器的主要成本来自背光模组。 （　　）
9. LCD 不存在刷新频率的概念。 （　　）
10. 板载声卡比独立声卡的音质输出效果好。 （　　）
11. 数码相机常用的图像存储格式为 RAW、TIFF 和 JPEG。 （　　）
12. 设备的启动顺序必须在操作系统中设置。 （　　）
13. 采用 GPT 分区表理论上支持无限个磁盘分区。 （　　）
14. 所有主分区都可以引导系统。 （　　）
15. 替换法是指用同类部件替代可能有故障的部件，以判断部件是否存在故障。

　（　　）

# 2021 年内蒙古试卷

 一、选择题（60 分）

1. 下列关于计算机系统的叙述不正确的是（　　）。

　　A．计算机系统包括硬件系统和软件系统

　　B．计算机软件是指在计算机硬件设备上运行的所有程序、数据及其相关文档的总称

　　C．只具备硬件系统的计算机称为"裸机"，在裸机上不能运行任何语言源程序

　　D．运算器、控制器和内存储器合称为主机，输入设备和输出设备合称为外设

2. 系统软件的核心是（　　）。

　　A．操作系统

　　B．语言处理程序

　　C．数据库系统

　　D．杀毒软件

3. 目前，主流的 CPU 字长为（　　）。

　　A．16 位

　　B．32 位

　　C．64 位

　　D．128 位

4. 在主机箱的接口中，不能热插拔的是（　　）。

　　A．音频接口

　　B．USB 接口

　　C．PS/2 接口

　　D．RJ-45 接口

5. BIOS 存放在（　　）中。

　　A．RAM

　　B．CPU

C．ROM

D．硬盘

6．目前 AMD 处理器采用的接口类型是 （　　　）。

A．触点式

B．插座式

C．插卡式

D．双列直插式

7．CPU 主频、外频和倍频三者的关系是 （　　　）。

A．外频=主频×倍频

B．主频=外频×倍频

C．倍频=主频×外频

D．三者没有关系

8．主板的核心部分是 （　　　）。

A．CPU 插槽

B．芯片组

C．内存插槽

D．显卡插槽

9．主板上的南桥芯片主要负责连接 （　　　）。

A．CPU

B．显卡

C．内存

D．外设

10．下列关于动态随机存储器的叙述正确的是 （　　　）。

A．相对于静态随机存储器读取速率快

B．适合用作 CPU 的内置缓存

C．主要用作计算机的主存储器

D．结构复杂、成本高、功耗大

11．SATA 3.0 标准的理论最高数据传输率为（　　　）。

A．1Gbit/s

B．2Gbit/s

C．3Gbit/s

D．6Gbit/s

12．相对于固态硬盘，关于机械硬盘的特点，下面叙述错误的是（　　　）。

A．容量大

B．速度快

C．抗震性能差

D．性价比高

13．下列（　　）不是机械硬盘的主要性能指标。

A．转速

B．寻道时间

C．单碟容量

D．尺寸大小

14．DDR4 内存的工作电压为（　　）。

A．1.2V

B．1.5V

C．2.4V

D．3V

15．固态硬盘采用的存储介质为（　　）。

A．磁盘

B．磁芯

C．闪存颗粒

D．磁带

16．下列不支持热插拔的硬盘接口类型是（　　）。

A．IDE

B．SATA

C．SCSI

D．USB

17．下列关于显卡的叙述不正确的是（　　）。

A．核心显卡是将显示芯片整合到 CPU 中

B．独立显卡的性能不如集成显卡的性能

C．显卡的核心部分是 GPU

D．显存位宽越大，单位时间内传输的数据量就越大

18．下列（　　）输出接口既能传输视频信号，又能传输音频信号。

A．VGA

B．Audio

C．DVI

D．HDMI

19．一张单面双层的 DVD 光盘的容量为（　　　）。

　　A．650MB

　　B．670MB

　　C．4.7GB

　　D．8.4GB

20．下列哪个不是描述显存性能的技术指标？（　　　）

　　A．显存容量

　　B．显存位宽

　　C．显存类型

　　D．显存品牌

21．背光采用 CCFL 光源的液晶显示器称为（　　　）。

　　A．CRT 显示器

　　B．LCD

　　C．LED 显示器

　　D．IPS 显示器

22．4K 显示器的最佳分辨率是（　　　）。

　　A．1920 像素×1080 像素

　　B．2560 像素×1440 像素

　　C．3840 像素×2160 像素

　　D．7680 像素×4320 像素

23．5.1 声音系统的音箱数量为（　　　）。

　　A．1 个

　　B．5 个

　　C．6 个

　　D．多少都行

24．下列关于声卡的描述正确的是（　　　）。

　　A．声卡将数字信号转换成模拟信号传输给音箱

　　B．声卡的 Line In 接口用于外接音箱、功放

　　C．声卡的 Line Out 接口用于外接辅助音源

　　D．声卡的 Speaker 接口用于连接麦克风

25．选购电源时，在安全性方面一定要注意（　　　）。

　　A．电源品牌

　　B．电源认证

　　C．电源重量

D. 额定功率

26. 下列关于计算机组装的原则说法不正确的是（　　）。

A. 在组装计算机时，要按照"由大到小""由里到外"的顺序进行

B. 合理使用工具，杜绝使用蛮力

C. 轻拿轻放，避免部件被摔坏或碰坏

D. 一定要参照主板说明书连接机箱内部连接线，以免错接

27. 下列（　　）不是 BIOS 的功能。

A. 检测硬件

B. 读取 MBR 分区表，加载操作系统

C. 格式化硬盘

D. 设置开机密码

28. 为了防止病毒攻击，用户资料一般存放在（　　）较为安全。

A. 主分区

B. 系统分区

C. 扩展分区

D. 激活分区

29. 下列（　　）不是 Windows 操作系统的文件系统格式。

A. FAT16

B. FAT32

C. EXT2

D. NTFS

30. 多功能一体机的主要功能不包括（　　）。

A. 打印

B. 录像

C. 扫描

D. 复印

## 二、判断题（15 分）

1. Intel 主流 CPU 采用的是 LGA 封装技术，引脚为触点式。　　　　　（　　）

2. 在 CPU 散热器材质的选择上，纯铜材质比纯铝材质散热性能好。　　（　　）

3. DDR4 内存的起始工作频率为 2133MHz。　　　　　　　　　　　（　　）

4. 只有给主板持续供电，CMOS 参数才不会丢失。　　　　　　　　　（　　）

5．电子竞技选手一般会选用机械轴按键技术的键盘。 （　　）

6．每块显卡只能有一种输出接口（模拟接口或数字接口）。 （　　）

7．有源音箱是指音箱内部包含电源。 （　　）

8．液晶显示器的主要成本来自背光模组。 （　　）

9．电源正常工作时的功率称为额定功率。 （　　）

10．目前主流数码相机的感光元件为 CMOS 传感器。 （　　）

11．一条 SATA 数据线上可以连接两个硬盘。 （　　）

12．利用 Ghost 软件可以快速安装系统。 （　　）

13．绘图板和打印机一样属于输出设备。 （　　）

14．FAT32 文件格式最大可以支持 64GB 的文件。 （　　）

15．经常进行磁盘碎片整理可以提高磁盘寿命。 （　　）

# 2020 年内蒙古试卷

 一、选择题（60 分）

1. 世界上第一台电子计算机采用（    ）作为基本逻辑元件。

   A. 电子管

   B. 晶体管

   C. 集成电路

   D. 原子管

2. 冯·诺依曼结构中能发出各种控制信息使计算机各部分协调工作的部件是（    ）。

   A. 运算器

   B. 输入设备

   C. 控制器

   D. 存储器

3. 下列软件属于应用软件的是（    ）。

   A. DOS

   B. Windows

   C. Office

   D. Linux

4. 下列（    ）不是 CPU 的性能指标。

   A. 核心数

   B. 频率

   C. 容量

   D. 制造工艺

5. 计算机在运行过程中，临时存储数据的部件叫作（    ）。

   A. 硬盘

   B. 闪存

   C. 外存

D．内存

6．下列关于 CPU 散热器的说法正确的是（　　）。

A．铜铝散热器比纯铝散热器效果差

B．风扇转速越高，噪声越大，散热效果也越差

C．CPU 散热不能采用水冷方式，只能采用风冷方式

D．CPU 散热的常用方式是散热片加风扇的组合

7．CPU 核心的工作频率称为（　　）。

A．外频

B．倍频

C．主频

D．射频

8．目前 AMD 处理器主要采用的接口类型为（　　）。

A．双列直插式

B．插卡式

C．触点式

D．插座式

9．在计算机中，所有配件和外设都直接或通过线路与之相连的部件是（　　）。

A．CPU

B．主板

C．内存

D．硬盘

10．目前，PCI-Express 总线技术有不同的规格标准，其中专为显卡设计的是（　　）。

A．PCI-E×1

B．PCI-E×2

C．PCI-E×4

D．PCI-E×16

11．采用 DDR4 内存的双通道架构可以使内存位宽达到（　　）。

A．32bit

B．64bit

C．128bit

D．256bit

12．下列关于 UEFI 的叙述错误的是（　　）。

A．UEFI 全称是统一的可扩展固件接口

B．UEFI 初始化程序在系统开机时最先得到执行

  C．UEFI 驱动程序可以放置在系统的任何位置

  D．UEFI 不能支持网络设备实现联网

13．下列关于存储容量大小叙述正确的是（  ）。

  A．TB>GB>MB>KB

  B．GB>MB>TB>KB

  C．TB>MB>GB>KB

  D．TB>MB>KB>GB

14．DDR4-2400 内存的带宽约为（  ）。

  A．19.2GB

  B．38.4GB

  C．76.8GB

  D．153GB

15．计算机中使用的进位计数制为（  ）。

  A．二进制

  B．八进制

  C．十进制

  D．十六进制

16．下列不属于硬盘接口类型的是（  ）。

  A．SATA

  B．SCSI

  C．IDE

  D．USB

17．下列关于硬盘性能指标的叙述不正确的是（  ）。

  A．硬盘的转速越快，外部数据的传输率越高

  B．提高单碟容量可以缩短寻道时间和等待时间，降低硬盘成本

  C．平均访问时间包括硬盘的寻道时间和等待时间

  D．硬盘的高速缓存越大，性能越好

18．下列关于固态硬盘的叙述不正确的是（  ）。

  A．固态硬盘采用半导体存储技术

  B．相同接口的固态硬盘的读写速率与机械硬盘的读写速率相同

  C．相同容量下，固态硬盘价格高于机械硬盘价格

  D．固态硬盘中没有机械结构

19．CD 光盘的反射层材料一般为（　　　）。

    A．聚碳酸酯

    B．酞菁

    C．金属银

    D．花菁

20．下列关于 DVD 光盘的叙述不正确的是（　　　）。

    A．DVD ROM 是只读光盘存储器

    B．DVD 采用 780nm 波长的激光进行读写

    C．DVD-RW 具有可擦写特性

    D．单面单层的 DVD 容量为 4.7GB

21．显示芯片是显卡的核心，称为（　　　）。

    A．GPU

    B．RAMDAC

    C．PGU

    D．UPS

22．下列（　　　）是电源的主要性能指标。

    A．价格

    B．功率

    C．体积

    D．重量

23．24 位色彩深度可以显示的颜色数为（　　　）。

    A．24

    B．256

    C．4K

    D．16M

24．下列液晶面板属于硬屏的是（　　　）。

    A．CRT

    B．VA

    C．IPS

    D．TN

25．评价一款音箱的主要性能指标是（　　　）。

    A．喇叭数量

    B．音箱材质

C．额定功率和频响范围

D．体积

26．关于计算机组装的注意事项，下列说法不正确的是（　　）。

A．严禁带电操作，在装机完成之前，一定不要连接电源，并且要释放身上所带静电

B．安装螺钉时，一定要用力拧紧到拧不动为止

C．对于不易拔下的板卡，要对准插槽均衡用力

D．连接机箱内部连接线时，一定要参照主板说明书，以免错接

27．下列（　　）功能不能通过 BIOS 设置实现。

A．设置系统日期和时间

B．设置启动顺序

C．设置开机密码

D．设置桌面背景

28．一块磁盘最多可以有（　　）个扩展分区。

A．1

B．2

C．4

D．无限制

29．下列专为 Linux 操作系统设计的分区格式是（　　）。

A．FAT16

B．FAT32

C．EXT2

D．NTFS

30．下列（　　）不是内存故障的原因。

A．内存条未正确安装

B．内存条驱动未安装

C．内存条触点接触不良

D．内存条不兼容

## 二、判断题（15分）

1．在主板中，南桥芯片负责与外部设备进行通信。　　　　　　　　　　（　　）

2．SATA 接口采用并行数据传输方式，可以获得比 IDE 接口更高的数据传输率。

（　　）

3．双通道技术是一种内存控制与管理技术。　　　　　　　　　　　　（　　）

4．相对于 BIOS，UEFI 可以使开机程序简化，节省时间。　　　　　　（　　）

5．SRAM 与 DRAM 相比，DRAM 的读写速率更快。　　　　　　　　（　　）

6．从耗材的角度来看，喷墨打印机打印成本最高。　　　　　　　　　（　　）

7．为避免数值的混淆，在数值后面添加字符进行区分，其中十六进制数的后缀为 D。

（　　）

8．硬盘的平均访问时间是指硬盘的磁头移动到盘面指定磁道所需要的时间。（　　）

9．电源的作用是通过一个开关电源变压器将直流电转换为交流电。　　（　　）

10．DisplayPort 是一种高清数字显示接口标准，可以连接计算机和显示器。（　　）

11．显卡刷新频率越低，屏幕上图像的闪烁感越小，图像越稳定。　　（　　）

12．在对角线尺寸相同的情况下，宽屏显示器具有比方屏显示器更大的屏幕面积。

（　　）

13．Windows 操作系统只能通过光盘或硬盘安装。　　　　　　　　　（　　）

14．主板上的 BIOS 是出厂时固化的，升级只能更换主板。　　　　　（　　）

15．计算机故障的判断原则是先硬后软、先外后内、先电源后部件、先简单后复杂。

（　　）

参 考 答 案

# 第1章　计算机硬件基础

## 一、选择题

| 1 | A | 2 | B | 3 | A | 4 | B | 5 | D |
|---|---|---|---|---|---|---|---|---|---|
| 6 | B | 7 | D | 8 | D | 9 | A | 10 | C |
| 11 | C | 12 | A | 13 | A | 14 | A | 15 | D |
| 16 | A | 17 | D | 18 | A | 19 | B | 20 | D |
| 21 | B | 22 | B | 23 | A | 24 | C | 25 | D |
| 26 | C | 27 | A | 28 | D | 29 | A | 30 | C |
| 31 | B | 32 | D | 33 | C | 34 | A | 35 | B |
| 36 | A | 37 | D | 38 | D | 39 | C | 40 | A |
| 41 | B | | | | | | | | |

## 二、判断题

| 1 | × | 2 | √ | 3 | × | 4 | × | 5 | √ |
|---|---|---|---|---|---|---|---|---|---|
| 6 | × | 7 | × | 8 | √ | 9 | √ | 10 | √ |
| 11 | × | 12 | × | 13 | × | 14 | √ | 15 | × |
| 16 | √ | 17 | √ | 18 | √ | 19 | × | 20 | √ |
| 21 | × | 22 | × | 23 | × | 24 | × | 25 | × |
| 26 | √ | 27 | × | 28 | √ | 29 | √ | 30 | × |
| 31 | √ | 32 | × | 33 | × | 34 | × | | |

# 第2章　CPU 与 CPU 散热器

## 一、选择题

| 1 | C | 2 | C | 3 | A | 4 | B | 5 | B |
|---|---|---|---|---|---|---|---|---|---|
| 6 | B | 7 | A | 8 | C | 9 | A | 10 | D |
| 11 | D | 12 | A | 13 | C | 14 | A | 15 | A |
| 16 | A | 17 | B | 18 | C | 19 | D | 20 | B |
| 21 | A | 22 | C | 23 | A | 24 | D | 25 | D |
| 26 | D | 27 | A | 28 | B | 29 | C | 30 | C |
| 31 | D | 32 | B | 33 | A | 34 | D | 35 | C |
| 36 | B | 37 | A | 38 | A | 39 | B | 40 | B |
| 41 | A | 42 | D | 43 | C | 44 | A | 45 | B |

| 46 | B | 47 | C | 48 | A | 49 | C | 50 | D |
| 51 | B | 52 | C | 53 | A | 54 | B | 55 | D |
| 56 | D | 57 | D | 58 | C | 59 | B | 60 | C |
| 61 | C | 62 | D | 63 | D | 64 | B | 65 | C |
| 66 | D | 67 | C | 68 | D | 69 | B | 70 | D |
| 71 | D | 72 | C | 73 | C | 74 | A | 75 | A |
| 76 | B | 77 | B | 78 | C | 79 | D | 80 | A |
| 81 | B | 82 | A | 83 | B | 84 | D | | |

二、判断题

| 1 | × | 2 | √ | 3 | × | 4 | × | 5 | √ |
| 6 | √ | 7 | × | 8 | × | 9 | × | 10 | √ |
| 11 | √ | 12 | √ | 13 | × | 14 | √ | 15 | × |
| 16 | × | 17 | √ | 18 | √ | 19 | √ | 20 | √ |
| 21 | × | 22 | √ | 23 | × | 24 | × | 25 | √ |
| 26 | × | 27 | × | 28 | √ | 29 | √ | 30 | × |
| 31 | √ | 32 | √ | 33 | √ | 34 | √ | 35 | × |
| 36 | × | 37 | √ | 38 | √ | 39 | × | 40 | √ |
| 41 | √ | 42 | √ | 43 | × | 44 | × | 45 | × |
| 46 | × | 47 | √ | 48 | × | 49 | √ | 50 | × |
| 51 | √ | 52 | × | 53 | × | 54 | √ | 55 | √ |
| 56 | √ | 57 | × | 58 | √ | 59 | √ | 60 | √ |
| 61 | × | 62 | × | 63 | √ | | | | |

# 第3章  主    板

一、选择题

| 1 | D | 2 | D | 3 | C | 4 | A | 5 | C |
| 6 | B | 7 | A | 8 | B | 9 | D | 10 | B |
| 11 | A | 12 | D | 13 | D | 14 | C | 15 | A |
| 16 | A | 17 | B | 18 | C | 19 | D | 20 | D |
| 21 | A | 22 | D | 23 | B | 24 | A | 25 | C |
| 26 | A | 27 | B | 28 | D | 29 | C | 30 | B |
| 31 | A | 32 | A | 33 | D | 34 | B | 35 | A |
| 36 | D | 37 | C | 38 | D | 39 | A | 40 | D |
| 41 | A | 42 | C | 43 | A | 44 | C | 45 | D |

| 46 | D | 47 | A | 48 | A | 49 | C | 50 | D |
|----|---|----|---|----|---|----|---|----|---|
| 51 | A | 52 | D | 53 | D | 54 | D | 55 | D |
| 56 | D | 57 | A | 58 | B | 59 | C | 60 | D |
| 61 | B | 62 | A | 63 | D | 64 | B | 65 | C |
| 66 | C | 67 | C | 68 | B |   |   |   |   |

**二、判断题**

| 1 | × | 2 | √ | 3 | √ | 4 | × | 5 | √ |
|----|---|----|---|----|---|----|---|----|---|
| 6 | √ | 7 | √ | 8 | √ | 9 | × | 10 | √ |
| 11 | × | 12 | × | 13 | √ | 14 | × | 15 | × |
| 16 | √ | 17 | × | 18 | × | 19 | √ | 20 | √ |
| 21 | √ | 22 | × | 23 | × | 24 | √ | 25 | √ |
| 26 | × | 27 | × | 28 | √ | 29 | √ | 30 | × |
| 31 | √ | 32 | × | 33 | × | 34 | √ | 35 | × |
| 36 | × | 37 | √ | 38 | √ | 39 | × | 40 | × |
| 41 | √ | 42 | × | 43 | × | 44 | √ | 45 | × |
| 46 | × | 47 | × | 48 | × | 49 | √ | 50 | × |
| 51 | × | 52 | √ | 53 | × | 54 | √ | 55 | √ |
| 56 | √ | 57 | √ | 58 | × | 59 | √ | 60 | √ |
| 61 | √ | 62 | √ |   |   |   |   |   |   |

# 第4章 内　　存

**一、选择题**

| 1 | D | 2 | C | 3 | A | 4 | D | 5 | B |
|----|---|----|---|----|---|----|---|----|---|
| 6 | A | 7 | C | 8 | B | 9 | B | 10 | A |
| 11 | B | 12 | B | 13 | C | 14 | D | 15 | A |
| 16 | B | 17 | C | 18 | B | 19 | A | 20 | B |
| 21 | B | 22 | A | 23 | D | 24 | C | 25 | B |
| 26 | B | 27 | D | 28 | B | 29 | C | 30 | B |
| 31 | C | 32 | C | 33 | B | 34 | B | 35 | B |
| 36 | A | 37 | A | 38 | A | 39 | C | 40 | C |
| 41 | B | 42 | C | 43 | C | 44 | B | 45 | C |
| 46 | C | 47 | C | 48 | A | 49 | D | 50 | D |
| 51 | C | 52 | A | 53 | A | 54 | D |   |   |

## 二、判断题

| 1 | × | 2 | × | 3 | × | 4 | × | 5 | × |
|---|---|---|---|---|---|---|---|---|---|
| 6 | √ | 7 | √ | 8 | √ | 9 | √ | 10 | × |
| 11 | √ | 12 | √ | 13 | × | 14 | √ | 15 | × |
| 16 | √ | 17 | √ | 18 | √ | 19 | √ | 20 | √ |
| 21 | × | 22 | √ | 23 | √ | 24 | √ | 25 | × |
| 26 | × | 27 | × | 28 | √ | 29 | × | 30 | √ |
| 31 | × | 32 | × | 33 | × | 34 | × | 35 | × |
| 36 | √ | 37 | × | 38 | × | | | | |

# 第5章 外存储器

## 一、选择题

| 1 | D | 2 | B | 3 | D | 4 | B | 5 | C |
|---|---|---|---|---|---|---|---|---|---|
| 6 | D | 7 | A | 8 | D | 9 | B | 10 | A |
| 11 | D | 12 | A | 13 | A | 14 | A | 15 | A |
| 16 | D | 17 | C | 18 | B | 19 | A | 20 | D |
| 21 | B | 22 | A | 23 | B | 24 | D | 25 | D |
| 26 | B | 27 | B | 28 | B | 29 | D | 30 | C |
| 31 | B | 32 | A | 33 | D | 34 | A | 35 | D |
| 36 | C | 37 | D | 38 | A | 39 | A | 40 | B |
| 41 | A | 42 | B | 43 | D | 44 | C | 45 | C |
| 46 | B | 47 | D | 48 | D | 49 | A | 50 | D |
| 51 | A | 52 | C | 53 | A | 54 | B | 55 | C |
| 56 | D | 57 | C | 58 | D | 59 | A | 60 | B |
| 61 | D | 62 | D | 63 | A | 64 | A | 65 | D |
| 66 | C | 67 | B | 68 | B | 69 | D | | |

## 二、判断题

| 1 | × | 2 | √ | 3 | √ | 4 | √ | 5 | √ |
|---|---|---|---|---|---|---|---|---|---|
| 6 | √ | 7 | √ | 8 | × | 9 | √ | 10 | √ |
| 11 | √ | 12 | √ | 13 | √ | 14 | × | 15 | √ |
| 16 | × | 17 | √ | 18 | × | 19 | √ | 20 | × |
| 21 | √ | 22 | × | 23 | × | 24 | × | 25 | × |
| 26 | × | 27 | √ | 28 | √ | 29 | √ | 30 | √ |

| 31 | × | 32 | √ | 33 | × | 34 | √ | 35 | × |
| 36 | × | 37 | √ | 38 | √ | 39 | × | 40 | × |
| 41 | √ | 42 | × | 43 | × | 44 | × | 45 | √ |
| 46 | × | 47 | √ | | | | | | |

# 第 6 章   光盘和光盘驱动器

## 一、选择题

| 1 | A | 2 | B | 3 | D | 4 | B | 5 | C |
| 6 | A | 7 | C | 8 | C | 9 | D | 10 | D |
| 11 | B | 12 | A | 13 | A | 14 | B | 15 | D |

## 二、判断题

| 1 | × | 2 | × | 3 | × | 4 | √ | 5 | √ |
| 6 | √ | 7 | √ | 8 | √ | 9 | × | 10 | √ |
| 11 | × | 12 | √ | 13 | √ | 14 | × | 15 | × |
| 16 | × | 17 | × | 18 | √ | | | | | |

# 第 7 章   显卡和显示器

## 一、选择题

| 1 | B | 2 | D | 3 | D | 4 | B | 5 | C |
| 6 | C | 7 | D | 8 | A | 9 | C | 10 | A |
| 11 | D | 12 | A | 13 | C | 14 | C | 15 | A |
| 16 | B | 17 | A | 18 | B | 19 | A | 20 | C |
| 21 | A | 22 | B | 23 | C | 24 | D | 25 | B |
| 26 | B | 27 | B | 28 | A | 29 | C | 30 | C |
| 31 | A | 32 | C | 33 | D | 34 | A | 35 | C |
| 36 | B | 37 | C | 38 | D | 39 | D | 40 | D |
| 41 | A | 42 | C | 43 | C | 44 | B | 45 | A |
| 46 | B | 47 | C | 48 | D | 49 | B | 50 | A |

| 51 | B | 52 | C | 53 | D | 54 | D | 55 | A |
|----|---|----|---|----|---|----|---|----|---|
| 56 | D | 57 | D | 58 | B | 59 | D | 60 | C |
| 61 | B | 62 | A | 63 | D | 64 | D | 65 | A |
| 66 | D | 67 | B | 68 | B | 69 | A | 70 | D |
| 71 | A | 72 | A | 73 | D | 74 | D | 75 | A |
| 76 | D | 77 | D | | | | | | |

二、判断题

| 1 | √ | 2 | × | 3 | √ | 4 | × | 5 | × |
|----|---|----|---|----|---|----|---|----|---|
| 6 | × | 7 | √ | 8 | √ | 9 | × | 10 | × |
| 11 | × | 12 | √ | 13 | × | 14 | √ | 15 | × |
| 16 | √ | 17 | × | 18 | × | 19 | √ | 20 | √ |
| 21 | × | 22 | × | 23 | √ | 24 | × | 25 | √ |
| 26 | √ | 27 | √ | 28 | √ | 29 | × | 30 | × |
| 31 | √ | 32 | × | 33 | × | 34 | × | 35 | √ |
| 36 | × | 37 | √ | 38 | × | 39 | √ | 40 | × |
| 41 | × | 42 | √ | 43 | √ | 44 | √ | 45 | √ |
| 46 | √ | | | | | | | | |

# 第8章　其他外部设备

一、选择题

| 1 | B | 2 | B | 3 | A | 4 | C | 5 | C |
|----|---|----|---|----|---|----|---|----|---|
| 6 | B | 7 | A | 8 | C | 9 | B | 10 | C |
| 11 | B | 12 | C | 13 | B | 14 | C | 15 | B |
| 16 | B | 17 | A | 18 | C | 19 | B | 20 | B |
| 21 | B | 22 | B | 23 | A | 24 | D | 25 | D |
| 26 | B | 27 | A | 28 | D | 29 | C | 30 | B |

二、判断题

| 1 | √ | 2 | √ | 3 | × | 4 | √ | 5 | √ |
|---|---|---|---|---|---|---|---|----|---|
| 6 | √ | 7 | √ | 8 | × | 9 | √ | 10 | √ |

| 11 | × | 12 | √ | 13 | √ | 14 | √ | 15 | × |
| 16 | √ | | | | | | | | |

# 第 9 章　计算机硬件的组装

## 一、选择题

| 1 | B | 2 | C | 3 | A | 4 | D | 5 | A |
| 6 | B | 7 | D | 8 | B | 9 | B | 10 | C |
| 11 | C | 12 | D | 13 | D | 14 | C | | |

## 二、判断题

| 1 | × | 2 | √ | 3 | × | 4 | √ | 5 | × |
| 6 | √ | 7 | √ | 8 | × | 9 | √ | 10 | × |
| 11 | √ | 12 | × | | | | | | |

# 第 10 章　BIOS 与 UEFI

## 一、选择题

| 1 | C | 2 | A | 3 | D | 4 | D | 5 | C |
| 6 | B | 7 | A | 8 | D | 9 | C | 10 | A |
| 11 | C | 12 | B | 13 | A | 14 | B | 15 | C |
| 16 | C | 17 | C | 18 | C | 19 | A | 20 | C |
| 21 | C | 22 | B | 23 | C | 24 | B | 25 | A |
| 26 | D | 27 | B | 28 | D | 29 | D | 30 | C |
| 31 | C | 32 | C | 33 | C | 34 | B | 35 | C |
| 36 | A | 37 | D | 38 | C | 39 | C | 40 | D |
| 41 | C | 42 | D | 43 | B | 44 | D | 45 | D |
| 46 | B | 47 | C | 48 | D | | | | | |

## 二、判断题

| 1 | × | 2 | × | 3 | √ | 4 | × | 5 | √ |
| 6 | √ | 7 | √ | 8 | × | 9 | × | 10 | × |
| 11 | × | 12 | × | 13 | × | 14 | √ | 15 | × |
| 16 | × | 17 | × | 18 | × | 19 | √ | 20 | √ |

| 21 | √ | 22 | √ | 23 | × | 24 | √ | 25 | × |

# 第 11 章　硬盘分区及格式化

## 一、选择题

| 1 | B | 2 | D | 3 | B | 4 | B | 5 | A |
|---|---|---|---|---|---|---|---|---|---|
| 6 | C | 7 | A | 8 | B | 9 | C | 10 | B |
| 11 | A | 12 | C | 13 | C | 14 | D | 15 | B |
| 16 | B | 17 | D | 18 | C | 19 | A | 20 | C |
| 21 | B | 22 | C | 23 | B | 24 | D | 25 | A |
| 26 | A | 27 | D | 28 | D | 29 | D | 30 | A |
| 31 | B | 32 | C | 33 | A | 34 | A |  |  |

## 二、判断题

| 1 | × | 2 | × | 3 | × | 4 | √ | 5 | × |
|---|---|---|---|---|---|---|---|---|---|
| 6 | × | 7 | √ | 8 | √ | 9 | × | 10 | √ |
| 11 | √ | 12 | √ | 13 | √ | 14 | × | 15 | √ |
| 16 | × | 17 | √ | 18 | √ | 19 | × | 20 | × |
| 21 | √ | 22 | × | 23 | × | 24 | √ | 25 | × |
| 26 | √ | 27 | √ | 28 | × | 29 | √ | 30 | × |
| 31 | √ | 32 | √ | 33 | √ | 34 | √ | 35 | × |

# 第 12 章　安装操作系统和硬件驱动程序

## 一、选择题

| 1 | D | 2 | D | 3 | B | 4 | C | 5 | C |
|---|---|---|---|---|---|---|---|---|---|
| 6 | D | 7 | C | 8 | A | 9 | C | 10 | C |
| 11 | D | 12 | C | 13 | C | 14 | D | 15 | B |
| 16 | C | 17 | B | 18 | D | 19 | C | 20 | D |
| 21 | A | 22 | D | 23 | C | 24 | C | 25 | C |
| 26 | D | 27 | C | 28 | D | 29 | B | 30 | A |
| 31 | C | 32 | D | 33 | D | 34 | C | 35 | B |

**二、判断题**

| 1 | √ | 2 | √ | 3 | √ | 4 | × | 5 | × |
|---|---|---|---|---|---|---|---|---|---|
| 6 | × | 7 | × | 8 | × | 9 | √ | 10 | × |
| 11 | × | 12 | × | 13 | × | 14 | √ | 15 | √ |
| 16 | × | 17 | × | 18 | √ | 19 | √ | 20 | × |
| 21 | √ | | | | | | | | |

# 第13章　计算机维护及常见故障的排除

**一、选择题**

| 1 | C | 2 | B | 3 | A | 4 | C | 5 | B |
|---|---|---|---|---|---|---|---|---|---|
| 6 | B | 7 | D | 8 | B | 9 | B | 10 | D |
| 11 | B | 12 | B | 13 | C | 14 | D | 15 | C |
| 16 | C | 17 | A | 18 | B | 19 | C | 20 | A |
| 21 | D | 22 | A | 23 | D | 24 | B | 25 | C |
| 26 | B | 27 | A | 28 | A | 29 | D | 30 | D |
| 31 | D | 32 | A | 33 | D | 34 | B | 35 | B |
| 36 | D | 37 | D | 38 | C | 39 | A | 40 | B |
| 41 | C | 42 | A | 43 | D | 44 | D | 45 | D |
| 46 | A | 47 | D | 48 | B | 49 | B | | |

**二、判断题**

| 1 | √ | 2 | × | 3 | × | 4 | √ | 5 | × |
|---|---|---|---|---|---|---|---|---|---|
| 6 | × | 7 | √ | 8 | × | 9 | × | 10 | √ |
| 11 | × | 12 | × | 13 | × | 14 | × | 15 | × |
| 16 | √ | 17 | × | 18 | × | 19 | × | 20 | √ |
| 21 | √ | 22 | √ | 23 | √ | 24 | √ | 25 | × |
| 26 | × | 27 | √ | 28 | × | 29 | × | 30 | × |
| 31 | √ | 32 | × | 33 | × | 34 | × | 35 | × |
| 36 | √ | 37 | | 38 | × | 39 | √ | 40 | √ |

# 模拟试卷一

## 一、选择题

| 1 | D | 2 | A | 3 | B | 4 | D | 5 | A |
|---|---|---|---|---|---|---|---|---|---|
| 6 | C | 7 | D | 8 | C | 9 | C | 10 | B |
| 11 | D | 12 | A | 13 | C | 14 | C | 15 | A |
| 16 | D | 17 | A | 18 | D | 19 | C | 20 | B |
| 21 | C | 22 | D | 23 | D | 24 | A | 25 | D |
| 26 | B | 27 | B | 28 | A | 29 | D | 30 | B |

## 二、判断题

| 1 | √ | 2 | √ | 3 | × | 4 | √ | 5 | × |
|---|---|---|---|---|---|---|---|---|---|
| 6 | × | 7 | × | 8 | × | 9 | × | 10 | × |
| 11 | × | 12 | × | 13 | × | 14 | × | 15 | × |

# 模拟试卷二

## 一、选择题

| 1 | C | 2 | D | 3 | C | 4 | A | 5 | B |
|---|---|---|---|---|---|---|---|---|---|
| 6 | A | 7 | A | 8 | B | 9 | D | 10 | A |
| 11 | B | 12 | B | 13 | A | 14 | D | 15 | B |
| 16 | A | 17 | A | 18 | B | 19 | C | 20 | C |
| 21 | B | 22 | D | 23 | C | 24 | C | 25 | A |
| 26 | B | 27 | D | 28 | A | 29 | D | 30 | C |

## 二、判断题

| 1 | √ | 2 | √ | 3 | × | 4 | × | 5 | √ |
|---|---|---|---|---|---|---|---|---|---|
| 6 | × | 7 | × | 8 | × | 9 | × | 10 | × |
| 11 | × | 12 | √ | 13 | × | 14 | √ | 15 | × |

# 模拟试卷三

## 一、选择题

| 1 | D | 2 | B | 3 | D | 4 | D | 5 | C |
|---|---|---|---|---|---|---|---|---|---|
| 6 | C | 7 | A | 8 | A | 9 | C | 10 | B |
| 11 | D | 12 | A | 13 | B | 14 | C | 15 | A |
| 16 | D | 17 | D | 18 | B | 19 | D | 20 | D |
| 21 | B | 22 | D | 23 | D | 24 | D | 25 | D |
| 26 | B | 27 | D | 28 | C | 29 | D | 30 | D |

## 二、判断题

| 1 | √ | 2 | × | 3 | × | 4 | × | 5 | √ |
|---|---|---|---|---|---|---|---|---|---|
| 6 | × | 7 | √ | 8 | × | 9 | × | 10 | √ |
| 11 | × | 12 | × | 13 | √ | 14 | × | 15 | × |

# 2022年内蒙古试卷

## 一、选择题

| 1 | B | 2 | C | 3 | A | 4 | C | 5 | B |
|---|---|---|---|---|---|---|---|---|---|
| 6 | A | 7 | A | 8 | D | 9 | A | 10 | A |
| 11 | B | 12 | C | 13 | A | 14 | C | 15 | D |
| 16 | B | 17 | C | 18 | A | 19 | D | 20 | D |
| 21 | A | 22 | C | 23 | B | 24 | D | 25 | C |
| 26 | A | 27 | C | 28 | D | 29 | A | 30 | A |

## 二、判断题

| 1 | √ | 2 | √ | 3 | × | 4 | × | 5 | √ |
|---|---|---|---|---|---|---|---|---|---|
| 6 | √ | 7 | √ | 8 | × | 9 | √ | 10 | × |
| 11 | √ | 12 | × | 13 | √ | 14 | × | 15 | |

# 2021 年内蒙古试卷

## 一、选择题

| 1 | C | 2 | A | 3 | C | 4 | C | 5 | C |
|---|---|---|---|---|---|---|---|---|---|
| 6 | B | 7 | B | 8 | B | 9 | D | 10 | C |
| 11 | D | 12 | B | 13 | D | 14 | A | 15 | C |
| 16 | A | 17 | B | 18 | D | 19 | D | 20 | D |
| 21 | B | 22 | C | 23 | C | 24 | A | 25 | B |
| 26 | A | 27 | C | 28 | C | 29 | C | 30 | B |

## 二、判断题

| 1 | √ | 2 | √ | 3 | × | 4 | √ | 5 | × |
|---|---|---|---|---|---|---|---|---|---|
| 6 | × | 7 | × | 8 | × | 9 | √ | 10 | √ |
| 11 | × | 12 | √ | 13 | × | 14 | × | 15 | √ |

# 2020 年内蒙古试卷

## 一、选择题

| 1 | A | 2 | C | 3 | C | 4 | C | 5 | D |
|---|---|---|---|---|---|---|---|---|---|
| 6 | D | 7 | C | 8 | D | 9 | B | 10 | D |
| 11 | C | 12 | D | 13 | A | 14 | A | 15 | A |
| 16 | D | 17 | A | 18 | B | 19 | C | 20 | B |
| 21 | A | 22 | B | 23 | D | 24 | C | 25 | C |
| 26 | B | 27 | D | 28 | A | 29 | C | 30 | B |

## 二、判断题

| 1 | √ | 2 | × | 3 | √ | 4 | √ | 5 | × |
|---|---|---|---|---|---|---|---|---|---|
| 6 | √ | 7 | × | 8 | × | 9 | × | 10 | √ |
| 11 | × | 12 | × | 13 | × | 14 | × | 15 | × |

# 反侵权盗版声明

电子工业出版社依法对本作品享有专有出版权。任何未经权利人书面许可，复制、销售或通过信息网络传播本作品的行为；歪曲、篡改、剽窃本作品的行为，均违反《中华人民共和国著作权法》，其行为人应承担相应的民事责任和行政责任，构成犯罪的，将被依法追究刑事责任。

为了维护市场秩序，保护权利人的合法权益，我社将依法查处和打击侵权盗版的单位和个人。欢迎社会各界人士积极举报侵权盗版行为，本社将奖励举报有功人员，并保证举报人的信息不被泄露。

举报电话：（010）88254396；（010）88258888

传　　真：（010）88254397

E-mail：　dbqq@phei.com.cn

通信地址：北京市万寿路 173 信箱

　　　　　电子工业出版社总编办公室

邮　　编：100036